开封市科技攻关项目《废弃蛋白基超级电容器柔性电极材料的研究与应用》（项目编号 2101003）

河南省科技攻关项目《光伏废硅粉制备"自愈合"硅基负极材料的研究及其在高比容锂离子电池中的应用》（项目编号 212102210243）

开封市科技攻关项目《高性能低成本硅基锂离子电池材料的制备研究》（项目编号 2101002）

新能源材料理论基础及应用前景

周　华　刘　进　魏言真◎著

吉林科学技术出版社

图书在版编目（CIP）数据

新能源材料理论基础及应用前景 / 周华等著. -- 长春：吉林科学技术出版社, 2022.4
ISBN 978-7-5578-9305-7

Ⅰ. ①新… Ⅱ. ①周… Ⅲ. ①新能源－材料技术－研究 Ⅳ. ①TK01

中国版本图书馆CIP数据核字(2022)第072670号

新能源材料理论基础及应用前景

著　　　周　华等
出 版 人　宛　霞
责任编辑　梁丽玲
封面设计　优盛文化
制　　版　优盛文化
幅面尺寸　185mm×260mm
开　　本　16
字　　数　210 千字
印　　张　12.75
印　　数　1–1500 册
版　　次　2022年4月第1版
印　　次　2022年4月第1次印刷

出　　版　吉林科学技术出版社
发　　行　吉林科学技术出版社
地　　址　长春市南关区福祉大路5788号出版大厦A座
邮　　编　130118
发行部电话/传真　0431-81629529　81629530　81629531
　　　　　　　　　　81629532　81629533　81629534
储运部电话　0431-86059116
编辑部电话　0431-81629510
印　　刷　廊坊市印艺阁数字科技有限公司

书　　号　ISBN 978-7-5578-9305-7
定　　价　68.00元

前　言

　　能源是指一切能量比较集中的含能体（如煤炭、天然气及石油）和提供能量的物质运动形式。能源与劳动和资本一样，已经成为当今社会的基础性战略资源和经济系统的基本生产要素，直接关系到人类的生存和社会的发展。目前，世界能源的消耗主要来自煤、石油、天然气等化石能源。一方面，化石能源的使用造成了严重的环境污染；另一方面，化石能源属于非可再生能源，过度使用化石能源使人类正面临着能源短缺甚至能源枯竭的现状。发展应用新能源是解决环境污染和能源短缺问题的关键。新能源是指传统能源之外的各种能源形式，目前正在积极开发、应用的新能源主要包括太阳能、风能、海洋能、地热能、生物质能、氢能和核能等。相对于传统能源，新能源具有储量大、可再生、污染少等特点，因此也常被称为可再生能源或清洁能源。

　　新能源材料是实现新能源转化和利用以及发展新能源技术的关键，新能源产业的发展离不开新能源材料的开发和应用。新能源材料对新能源的发展发挥了重要作用，一些新能源材料的发明催生了新能源系统的诞生，其应用提高了新能源系统的效率，新能源材料的使用则直接影响着新能源系统的投资与运行成本。

　　近年来，材料科学发展迅猛，新能源科技不断进步，太阳能、氢能、核能、储能材料与器件等领域不断涌现出新成果，为解决人们所面对的能源和环境问题发挥着越来越大的作用。新材料的设计、制备、表征及其性能的提高是实现这些突破的关键因素。

　　作为战略性新兴产业的重要组成部分，新型能源材料产业的发展关系到国民经济、社会发展和国家安全。本书选取了较为典型的新能源关键材料，系统阐述了典型新能源材料与技术的基本科学原理，探讨了获取高性能材料的知识和方法，分析了新能源材料的应用，最后介绍了相关领域研究进展及前景展望。

本书共分七章，内容涉及新能源材料概述、锂离子电池正极材料、高性能锂离子电池负极材料、太阳能电池材料、燃料电池材料、相变储能材料，最后还介绍了其他新能源材料与应用前景。

本书涉及的知识面较广，因编者本身水平和能力有限，书中难免存在一些疏漏，诚恳地希望读者予以批评、指正。

目　录

第一章　新能源材料概述 ·· 1

　　第一节　新能源材料的相关概念 ·· 1

　　第二节　新能源材料的关键技术 ·· 6

　　第三节　新能源材料的发展方向 ·· 9

第二章　锂离子电池正极材料 ·· 14

　　第一节　锂离子电池正极材料概述 ·· 14

　　第二节　层状富锂正极材料的制备及结构特征 ···························· 20

　　第三节　尖晶石 $LiMn_2O_4$ 正极材料的制备与改性 ···················· 32

　　第四节　废旧锂离子电池正极材料的回收再利用 ························ 42

第三章　高性能锂离子电池负极材料 ·· 53

　　第一节　锂离子电池负极材料概述 ·· 53

　　第二节　高性能硅基负极材料的性能及应用 ································ 57

　　第三节　高性能锡基负极材料的性能及制备 ································ 69

　　第四节　石墨负极材料的特点及生产 ·· 75

第四章　太阳能电池材料 ·· 85

　　第一节　太阳能电池概述 ·· 85

　　第二节　硅基太阳能电池材料及制备技术 ·································· 93

第三节　有机太阳能电池材料的特点及制备 ……………………… 109

第四节　太阳能电池的主要发展方向 ……………………… 119

第五章　燃料电池材料 …………………………………… 122

第一节　燃料电池概述 ……………………………………… 122

第二节　固体氧化物燃料电池的关键材料与设计 ………… 129

第三节　质子交换膜燃料电池关键技术与应用 …………… 142

第六章　相变储能材料 …………………………………… 153

第一节　相变储能及相变材料概述 ………………………… 153

第二节　相变储能材料及其热性能 ………………………… 156

第三节　相变储能材料的工程应用 ………………………… 167

第七章　其他新能源材料 ………………………………… 178

第一节　核能关键材料与应用 ……………………………… 178

第二节　生物质能技术及其发展 …………………………… 184

第三节　风能及其发展前景 ………………………………… 190

参考文献 ………………………………………………… 197

第一章　新能源材料概述

第一节　新能源材料的相关概念

一、能源的概念及分类

自然资源（能源）指在一定时期和地点，在一定条件下具有开发价值、能够满足或提高人类当前和未来生存和生活状况的自然因素和条件，包括气候资源、水资源、矿物资源、生物资源和能源等。

能是物质做功的能力，能量是指能的数量，其单位是焦耳（J）。能量是考察物质运动状况的物理量，是物体运动的度量，如物体运动的机械能、分子运动的热能、电子运动的电能、原子振动的电磁辐射能、物质结构改变而释放的化学能、粒子相互作用而释放的核能等。

能量的来源即能源，自然界中能够提供能量的自然资源及由它们加工或转化而得到的产品都统称为能源。也就是说，能源就是能够向人类提供某种形式能量的自然资源，包括所有的燃料、流水、阳光、地热、风等，它们均可通过适当的转换手段使其为人类的生产和生活提供所需的能量。例如，煤和石油等化石能源燃烧时提供热能，流水和风力可以提供机械能，太阳的辐射可转化为热能或电能等。

能源按其形成方式不同可分为一次能源和二次能源。一次能源包括以下三大类：

（1）来自地球以外天体的能量，主要是太阳能。

（2）地球本身蕴藏的能量，海洋和陆地内储存的燃料、地球的热能等。

（3）地球与天体相互作用产生的能量，如潮汐能。

能源按其循环方式不同可分为不可再生能源（化石燃料）和可再生能源（生物质能、氢能、化学能源）；按环境保护的要求可分为清洁能源（又称绿色能源，如太阳能、氢能、风能、潮汐能等）和非清洁能源；按现阶段的成熟程度可分为常规能源和新能源。表1-1为能源分类的方法。

表1-1　能源分类的方法

项　　目			可再生能源	不可再生能源
一次能源	常规能源	商品能源	生物质能(薪材秸秆等)；太阳能（自然干燥等）；水力（水车等）	化石燃料（煤、油、天然气等）；核能
		传统能源（非商品能源）	风力（风车、风帆等）；畜力	
	非常规能源	新能源	生物质能（燃料作物制沼气、酒精等）；太阳能（收集器、光电池等）；水力（小水电);风力（风力机等）；海洋能；地热	
二次能源	电力、煤气、沼气、汽油、柴油、煤油、重油等油质品，蒸汽，热水，压缩空气，氢能等			

二、新能源及其利用技术

新能源指以新技术和新材料为基础，使传统的可再生能源得到现代化的开发利用，用可再生能源不断取代化石能源，特别强调可以持续发展、对环境无损害、有利于生态良性循环。一般来说，新能源主要有如下几个方面的特点：

（1）能量密度较低，并且高度分散。

（2）资源丰富，可以再生。

（3）清洁干净，使用中几乎没有损害生态环境的污染物排放。

（4）太阳能、风能、潮汐能等资源具有间歇性和随机性。

（5）开发利用的技术难度大。

（一）太阳能及其利用技术

太阳能是人类最主要的可再生能源，太阳每年可输出的总能量为 3.75×10^{26} W，其中辐射到地球陆地上的能量大约为 8.5×10^{16} W，这个数量远大于人类目前消耗的能量的总和，相当于 1.7×10^{18} t 标准煤。太阳能利用技术主要包括以下几类：太阳能—热能转换技术，即通过转换装备将太阳辐射转换为热能加以利用，如太阳能热能发电、太阳能采暖技术、太阳能制冷与空调技术、太阳能热水系统、太阳能干燥系统、太阳灶和太阳房等；太阳能—光电转换技术，即太阳能电池，包括应用广泛的半导体太阳能电池和光化学电池的制备技术；太阳能—化学能转换技术，如光化学作用、光合作用和光电转换等。

（二）氢能及其利用技术

氢是未来最理想的二次能源。氢以化合物的形式储存于地球上最广泛的物质中，如果把海水中的氢全部提取出来，总能量是地球现有化石燃料的 9 000 倍。氢能利用技术包括制氢技术、氢提纯技术和氢储存与输运技术。制氢技术范围很广，包括化石燃料制氢技术、电解水制氢、固体聚合物电解质电解制氢、高温水蒸气电解制氢、生物质制氢、热化学分解水制氢及甲醇重整、硫化氢（H_2S）分解制氢等。氢的储存是氢利用的重要保障，主要技术包括液化储氢、压缩氢气储氢、金属氢化物储氢、配位氢化物储氢、有机物储氢和玻璃微球储氢等。氢的应用技术主要包括燃料电池、燃气轮机（蒸汽轮机）发电、内燃机和火箭发动机等。

（三）核能及其利用技术

核能是原子核结构发生变化放出的能量。核能技术主要有核裂变和核聚变。核裂变所用原料铀 1 g 就可释放相当于 30 t 煤的能量，而核聚变所用的氘仅仅用 560 t 就可能为全世界提供一年消耗所需的能量。海洋中氘的储量可供人类使用几十亿年，同样是取之不尽、用之不竭的清洁能源。自 20 世纪 50 年代第一座核电站诞生以来，全球核裂变发电迅速发展，核电技术不断完善，各种类型的反应堆相继出现，如压水堆、沸水堆、石墨堆、气冷堆及快中子堆等，其中以轻水（H_2O）作为慢化剂和载热剂的轻水反应堆（包括压水堆和沸水堆）应用最多，技术相对完善。人类实现核聚变并对其进行控制的难度非常大，采用等离子体最有希望实现核聚变反应。

（四）生物质能及其利用技术

生物质能目前占世界能源中消耗量的 14%。估计地球每年植物光合作用固定的碳达到 2×10^{12} t，含能量 3×10^{21} J。地球上的植物每年生产的能量是目前人类消耗矿物能的 20 倍。生物质能的开发利用已在许多国家得到了高度重视，生物质能有可能成为未来可持续能源系统的主要成员，扩大其利用是减排二氧化碳（CO_2）的最重要的途径。生物质能的开发技术有生物质气化技术、生物质固化技术、生物质热解技术、生物质液化技术和沼气技术。

（五）化学能源及其利用技术

化学能源实际上是直接把化学能转变为低压直流电能的装置，也叫电池。化学能源已经成为国民经济中不可缺少的重要组成部分。同时，化学能源还将承担其他新能源的储存功能。化学电能技术即电池制备技术，目前以下电池研究活跃并具有发展前景：金属氢化物—镍电池、锂离子二次电池、燃料电池和铝电池。

（六）风能及其利用技术

风能是大气流动的动能，是来源于太阳能的可再生能源。估计全球风能储量为 10^{14} MW，如有千万分之一被人类利用，就有 10^6 MW 的可利用风能，这是全球目前的电能总需求量，也是水利资源可利用量的 10 倍。风能应用技术主要为风力发电，如海上风力发电、小型风机系统和涡轮风力发电等。

（七）地热能及其利用技术

地热能是来自地球深处的可再生热能。全世界的地热资源总量大约 1.45×10^{26} J，相当于全球煤热能的 1.7 亿倍，是分布广、洁净、热流密度大、使用方便的新能源。地热能开发技术集中在地热发电、地热采暖、供热和供热水等技术。

（八）海洋能及其利用技术

海洋能是依附在海水中的可再生能源，包括潮汐能、潮流、海流、波浪、海水温差和海水盐差能。估计全世界海洋的理论或再生量为 7.6×10^{13} W。潮流能利用涉及很多关键问题需要解决，如潮流能具有大功率低流速特性，这意味着潮流能装置的叶片、结构、地基（锚泊点或打桩桩基）要比风能装置有更大的强度，否则在流速过大时可能会对装置造成损毁；海水中的泥沙进入装置可能损坏轴承；海水腐蚀和海洋生物附着会降低水轮机的效率和整个设备的寿命；漂浮式潮流发电装置也存在抗台风问题和影响航运问题。因此，未来潮流能发电技术研究要研发易于上浮的坐底式技术，以免影响航运，还要针对海洋环境的特点研究防海水腐蚀、海洋生物附着的技术。

（九）可燃冰及其利用技术

可燃冰是天然气的水合物。它在海底分布范围占海洋总面积的 10%，相当于 4 000 万平方公里，它的储量够人类使用 1 000 年。但是可燃冰的深海开采本身面临众多技术问题，且开采过程中存在泄漏控制问题，甲烷的温室效应要比二氧化碳强很多，一旦发生大规模泄漏事件，将对全球气候变化产生重要影响，因此相关开采研究有很多都集中在泄漏控制上面。

（十）海洋渗透能及其利用技术

在江河的入海口，淡水的水压比海水的水压高，如果在入海口放置一个涡轮发电机，淡水和海水之间的渗透压就可以推动涡轮机来发电。海洋渗透能是一种十分环保的绿色能源，它既不产生垃圾，也没有二氧化碳的排放，更不依赖天气的状况，可以说是取之不尽、用之不竭。而在盐分浓度更大的水域里，渗透发电厂的发电效能会更好，如地中海、死海、中国盐城市的大盐湖、美国的大盐湖等。当然，发电厂附近必须有淡水的供给。

三、新能源材料的概念

新能源材料是指实现新能源的转化和利用以及发展新能源技术中所要用到的关键材料，它是发展新能源技术的核心和其应用的基础。从材料学的本质和能源发展的观点看，能储存和有效利用现有传统能源的新型材料也可以归属为新能源材料。

新能源材料覆盖了镍氢电池材料、锂离子电池材料、燃料电池材料、太阳能电池材料、反应堆核能材料、发展生物质能所需的重点材料、新型相变储能和节能材料等。新能源材料的基础仍然是材料科学与工程基于新能源理念的演化与发展。

第二节　新能源材料的关键技术

新能源发展过程中发挥重要作用的新能源材料有锂离子电池关键材料、镍氢动力电池关键材料、氢能燃料电池关键材料、多晶薄膜太阳能电池材料、LED 发光材料、核用锆合金等。新能源材料的应用现状可以概括为以下几个方面。

一、锂离子电池及其关键材料

经过 10 多年的发展，小型锂离子电池在信息终端产品（移动电话、便携式电脑、数码摄像机）中的应用已占据垄断性地位，我国也已发展成为全球三大锂离子电池和材料的制造和出口大国之一。新能源汽车用锂离子动力电池和新能源大规模储能用锂离子电池也已日渐成熟，市场前景广阔。近 10 年来，锂离子电池技术发展迅速，其比能量由 100 W·h/kg 增加到 180 W·h/kg，比功率达到 2 000 W/kg，循环寿命达到 1 000 次以上。在此基础上，如何进一步提高锂离子电池的性价比及其安全性是目前的研究重点，其中开发具有优良综合性能的正负极材料、工作温度更高的新型隔膜和加阻燃剂的电解液是提高锂离子电池安全性和降低成本的重要途径。

二、太阳能电池材料

基于太阳能在新能源领域的龙头地位，美国、德国、日本等发达国家都将太阳能光电技术放在了新能源的首位。这些国家的单晶硅电池的转换率相继达到 20% 以上，多晶硅电池在实验室中的转换效率也达到了 17%，引起了广泛关注。砷化镓太阳能电池的转换率目前已经达到 20% ～ 28%，采用多层结构还可以进一步提高转换率，美国研制的高效堆积式多结砷化镓太阳能电池的转换率达到了 31%，IBM 公司报道的多层复合砷化镓太阳能电池的转换率达到了 40%。在世界太阳能电池市场上，目前仍以晶体硅电池为主。预计在今后一定时间内，世界太阳能电池及其组件的产量将以每年 35% 左右的速度增长。晶体硅电池的优势地位在相当长的时期里仍将继续维持并向前发展。

三、燃料电池材料

燃料电池材料因燃料电池与氢能的密切关系而显得意义重大。燃料电池可以应用于工业及生活的各个方面，如使用燃料电池作为电动汽车电源一直是人类汽车发展的目标之一。在材料及部件方面，主要进行了电解质材料合成及薄膜化、电极材料合成与电极制备、密封材料及相关测试表征技术的研究，如掺杂 $LaGaO_3$、纳米 YSZ、锶掺杂的锰酸镧阴极及 Ni－YSZ 陶瓷阳极的制备与优化等。采用廉价的湿法工艺，可在 YSZ+NiO 阳极基底上制备厚度仅为 50 μm 的致密 YSZ 薄膜，800℃用氢作燃料时单电池的输出功率密度达到 0.3 W/cm² 以上。

催化剂是质子交换膜燃料电池的关键材料之一，对于燃料电池的效率、寿命和成本均有较大影响。在目前的技术水平下，燃料电池中 Pt 的使用量为 $1 \sim 1.5$ g/kW，当燃料电池汽车达到 10^6 辆的规模（总功率为 4×10^7 kW）时，Pt 的用量将超过 40 t，而世界上 Pt 族金属总储量为 56 000 t，且主要集中于南非（77%）、俄罗斯（13%）和北美（6%）等地，我国本土的铂族金属矿产资源非常贫乏，总保有储量仅为 310 t。铂金属的稀缺与高价已成为燃料电池大规模商业化应用的瓶颈之一。如何降低贵金属铂催化剂的用量，开发非铂催化剂，提高其催化性能，成为当前质子交换膜燃料电池催化剂的研究重点。

传统的固体氧化物燃料电池（SOFC）通常在 800℃～1 000℃的高温条件下工作，由此带来了材料选择困难、制造成本高等问题。如果将 SOFC 的工作温度降至 600℃～800℃，便可采用廉价的不锈钢作为电池堆的连接材料，降低电池其他部件（BOP）对材料的要求，同时可以简化电池堆设计，降低电池密封难度，减缓电池组件材料间的互相反应，抑制电极材料结构变化，从而提高 SOFC 系统的寿命，降低 SOFC 系统的成本。当工作温度进一步降至 400℃～600℃时，就有望实现 SOFC 的快速启动和关闭，这为 SOFC 进军燃料电池汽车、军用潜艇及便携式移动电源等领域打开了大门。实现 SOFC 的中低温运行有两条主要途径：一是继续采用传统的 YSZ 电解质材料，将其制成薄膜，减小电解质厚度，以减小离子传导距离，使燃料电池在较低的温度下获得较高的输出功率；二是开发新型的中低温固体电解质材料及与之相匹配的电极材料和连接板材料。

四、储能材料

节能储能材料的技术发展也使相关的关键材料研究迅速发展，一些新型的利用传统能源和新能源的储能材料也成为人们关注的对象。利用相变材料（phase change material，PCM）的相变潜热来实现能量的储存和利用，提高能效和开发可再生能源，是近年来能源科学和材料科学领域中一个十分活跃的前沿研究方向；发展具有产业化前景的超导电缆技术是国家新材料领域超导材料与技术专项的重点课题之一。我国已成为世界上第三个将超导电缆投入电网运行的国家，超导电缆的技术已跻身世界前列，这将对我国的超导应用研究和能源工业的前景产生重要的影响。

五、其他新能源材料

（一）核能

美国的核电约占总发电量的 20%。法国、日本两国核能发电所占份额分别为 77% 和 29.7%。目前，中国核电工业由原先的适度发展进入加速发展的阶段，同时我国核能发电量创历史最高水平。核电工业的发展离不开核材料，任何核电技术的突破都有赖于核材料的首先突破。发展核能的关键材料包括先进的核动力材料、先进的核燃料、高性能燃料元件、新型核反应堆材料、铀浓缩材料等。

核反应堆中，目前普遍使用锆合金作为堆芯结构部件和燃料元件包壳材料。Zr-2、Zr-4 和 Zr-2.5Nb 是水堆用的三种最成熟的锆合金，Zr-2 用作沸水堆包壳材料，Zr-4 用作压水堆、重水堆和石墨水冷堆的包壳材料，Zr-2.5Nb 用作重水堆和石墨水冷堆的压力管材料，其中 Zr-4 合金应用最为普遍，该合金已有 30 多年的使用历史。为提高性能，一些国家开展了改善 Zr-4 合金的耐腐蚀性能以及开发新锆合金的研究工作。通过将 Sn 含量取下限，Fe、Cr 含量取上限，并采取适当的热处理工艺改善微观组织结构，得到了改进型 Zr-4 包壳合金，其堆内腐蚀性能得到了改善。但是，长期的使用证明，改进型 Zr-4 合金仍然不能满足 50GWd/tU 以上高燃耗的要求。针对这一情况，美国、法国和俄罗斯等国家开发了新型 Zr-Nb 系合金，与传统 Zr-Sn 合金相比，Zr-Nb 系合金具有抗吸氢能力强，耐腐蚀性能、高温性能及加工性能好等特性，能满足 60 GWd/tU 甚至更高燃耗的要求，并可延长换料周期。这些新型锆合金已在新一代压水堆电站中获得广泛应用，如法国采用M5合金制成燃料棒，经在反应堆内辐照后表明，其性能大大优于Zr-4合金。

（二）风能

我国风能资源较为丰富，但与世界先进国家相比，我国风能利用技术和发展最主要的问题是尚不能制造大功率风电机组的复合材料和叶片材料。电容器材料和热电转换材料一直是传统能源材料的研究范围。新能源材料是推动氢能燃料电池快速发展的重要保障。提高能效、降低成本、节约资源和环境友好将成为新能源发展的永恒主题，如何针对新能源发展的重大需求，解决相关新能源材料的材料科学基础研究和重要工程技术问题，将成为材料工作者的重要研究课题。

（三）生物质能

生物质能一般是指利用生物体本身来产生能量。自20世纪70年代以来，世界各国政府开始高度关注生物质能的研发和利用，以应对日益突显的能源危机和气候变化问题，并提出了明确的发展目标和制定了相关的法律法规和产业政策。

目前，生物质能可以用来进行生物质发电、生物质液化、制备生物柴油、发酵制沼气、制备燃料乙醇等，具有较大的应用前景。

第三节　新能源材料的发展方向

新能源新材料是在环保理念推出之后引发的对不可再生资源节约利用的一种新的科技理念，是指新近发展的或正在研发的、性能超群的一些材料，具有比传统材料更为优异的性能。新材料技术则是按照人的意志，通过物理研究、材料设计、材料加工、试验评价等一系列研究过程，创造出能满足各种需要的新型材料。

一、超导材料

当温度下降至某一临界温度时，有些材料的电阻会完全消失，这种现象称为超导电性，具有这种现象的材料称为超导材料。超导材料的另外一个特征是当电阻消失时，磁感应线将不能通过超导体，这种现象称为抗磁性。一般金属

（例如铜）的电阻率随温度的下降而逐渐减小，当温度接近于 0 K 时，其电阻达到某一数值。而 1919 年荷兰科学家昂内斯用液氦冷却水银，发现当温度下降到 4.2 K（即 −269℃）时，水银的电阻完全消失。

超导电性和抗磁性是超导体的两个重要特性。使超导体电阻为零的温度称为临界温度。超导材料研究的难题是突破"温度障碍"，即寻找高温超导材料。以 NbTi、Nb$_3$Sn 为代表的实用超导材料已实现了商品化，在核磁共振人体成像（NMRI）、超导磁体及大型加速器磁体等多个领域获得了应用；超导量子干涉仪（SQUID）作为超导体弱电应用的典范，已在微弱电磁信号测量方面起到了重要作用，其灵敏度是其他任何非超导的装置无法达到的。但是，由于常规低温超导体的临界温度太低，必须在昂贵复杂的液氦（4.2 K）系统中使用，因而严重地限制了低温超导应用的发展。高温氧化物超导体的出现，突破了温度壁垒，把超导应用温度从液氦（4.2 K）提高到液氮（77 K）温区。同液氦相比，液氮是一种非常经济的冷媒，并且具有较高的热容量，给工程应用带来了极大的方便。另外，高温超导体都具有相当高的磁性能，能够用来产生 20 T 以上的强磁场。

超导材料最诱人的应用是发电、输电和储能。利用超导材料制作发电机的线圈磁体后的超导发电机，可以将发电机的磁场强度提高到 5 万～6 万高斯，而且几乎没有能量损失，与常规发电机相比，超导发电机的单机容量提高 5～10 倍，发电效率提高 50%；超导输电线和超导变压器可以把电力几乎无损耗地输送给用户，据统计，目前的铜或铝导线输电，约有 15% 的电能损耗在输电线上，在中国每年的电力损失达 1 000 多亿度，若改为超导输电，节省的电能相当于新建数十个大型发电厂；超导磁悬浮列车的工作原理是利用超导材料的抗磁性，将超导材料置于永久磁体（或磁场）的上方，由于超导的抗磁性，磁体的磁力线不能穿过超导体，磁体（或磁场）和超导体之间会产生排斥力，使超导体悬浮在上方，利用这种磁悬浮效应可以制作高速超导磁悬浮列车，如已运行的日本新干线列车、上海浦东国际机场的高速列车等；高速计算机要求在集成电路芯片上的元件和连接线密集排列，但密集排列的电路在工作时会产生大量的热量，若利用电阻接近于零的超导材料制作连接线或超微发热的超导器件，则不存在散热问题，可使计算机的运算速度大大提高。

二、智能材料

智能材料是继天然材料、合成高分子材料、人工设计材料之后的第四代材料，是现代高技术新材料发展的重要方向之一。国外在智能材料的研发方面已取得很多技术突破，如英国宇航公司的导线传感器，用于测试飞机蒙皮上的应变与温度情况；英国已开发出一种快速反应形状记忆合金，寿命期具有百万次循环，且输出功率高，用它制作制动器时，其反应时间仅为 10 分钟；形状记忆合金还成功地应用于卫星天线、医学等领域。

三、磁性材料

磁性材料可分为软磁材料和硬磁材料两类。

软磁材料是指那些易于磁化并可反复磁化的材料，但当磁场去除后，磁性即随之消失。这类材料的特性标志是磁导率（$\mu = B / H$）高，即在磁场中很容易被磁化，并很快达到较高的磁化强度；但当磁场消失时，其剩磁就很小。这种材料在电子技术中广泛应用于高频技术，如磁芯、磁头、存储器磁芯；在强电技术中可用于制作变压器、开关继电器等。目前，常用的软磁体有铁硅合金、铁镍合金、非晶金属。Fe－（3% ～ 4%）Si 合金是最常用的软磁材料，常用作低频变压器、电动机及发电机的铁芯。铁镍合金的性能比铁硅合金好，典型代表材料为坡莫合金，其成分为 79%Ni 和 21%Fe，坡莫合金具有高磁导率（磁导率为铁硅合金的 10 ～ 20 倍）、低的损耗；非晶金属（金属玻璃）与一般金属的不同点是其结构为非晶体，它们是由 Fe、Co、Ni 及半金属元素 B、Si 所组成，其生产工艺要点是采用极快的速度使金属液冷却，使固态金属获得原子无规则排列的非晶体结构。非晶金属具有非常优良的磁性能，它们已用于低能耗的变压器、磁性传感器、记录磁头等。另外，有的非晶金属具有优良的耐蚀性，有的非晶金属具有强度高、韧性好的特点。

永磁材料（硬磁材料）经磁化后，去除外磁场仍保留磁性，其性能特点是具有较高的剩磁与矫顽力。利用此特性可制造永久磁铁，可把它作为磁源，如常见的指南针、仪表、微电机、电动机、录音机、电话及医疗等方面。永磁材料包括铁氧体和金属永磁材料两类。铁氧体的用量大、应用广泛、价格低，但磁性能一般，用于一般要求的永磁体。金属永磁材料中，最早使用的是高碳钢，但磁性能较差。高性能永磁材料的品种有铝镍钴（Al－Ni－Co）和铁铬钴

（Fe-Cr-Co）；稀土永磁，如较早的稀土钴（Re-Co）合金（主要品种有利用粉末冶金技术制成的 $SmCo_5$ 和 Sm_2Co_{17}），以及现在广泛采用的铌铁硼（Nb-Fe-B）稀土永磁，铌铁硼磁体不仅性能较优，而且不含稀缺元素钴，所以很快成为目前高性能永磁材料的代表，已用于高性能扬声器、电子水表、核磁共振仪、微电机、汽车启动电机等。

四、纳米材料

纳米本是一个尺度范围，纳米科学技术是一个融科学前沿的高技术于一体的完整体系，它的基本含义是在纳米尺寸范围内认识和改造自然，通过直接操作和安排原子、分子来创新物质。纳米科技主要包括纳米体系物理学、纳米化学、纳米材料学、纳米生物学、纳米电子学、纳米加工学、纳米力学七个方面。纳米材料是纳米科技领域中最富活力、研究内涵十分丰富的科学分支。用纳米来命名材料起源于 20 世纪 80 年代。纳米材料是指由纳米颗粒构成的固体材料，其中纳米颗粒的尺寸最多不超过 100。纳米材料的制备与合成技术是当前主要的研究方向，虽然在样品的合成上取得了一些进展，但至今仍不能制备出大量的块状样品，因此研究纳米材料的制备对其应用起着至关重要的作用。目前，我国已经研制出一种用纳米技术制造的乳化剂，以一定比例加入汽油后，可使像桑塔纳一类的轿车降低 10% 左右的耗油量；纳米材料在室温条件下具有优异的储氢能力，常压下，约 2/3 的氢能可以从纳米材料中得以释放，可以不用昂贵的超低温液氢储存装置。

五、未来的几种新能源材料

波能：即海洋波浪能。这是一种取之不尽、用之不竭的无污染可再生能源。据推测，地球上海洋波浪蕴藏的电能高达 9×10^4 TW。近年来，在各国的新能源开发计划中，波能的利用已占有一席之地。尽管波能发电成本较高，需要进一步完善，但目前的进展已表明了这种新能源潜在的商业价值。日本的一座海洋波能发电厂已运行 8 年，电厂的发电成本虽高于其他发电方式，但对于边远岛屿来说仍可节省电力传输等投资费用。目前，美、英、印度等国家已建成几十座波能发电站，且均运行良好。

可燃冰：这是一种甲烷与水结合在一起的固体化合物，它的外形与冰相似，故称"可燃冰"。可燃冰在低温高压下呈稳定状态，冰融化所释放的可燃气体相当于原来固体化合物体积的 100 倍。据测算，可燃冰的蕴藏量比地球上的煤、石油和天然气的总和还多。

煤层气：煤在形成过程中由于温度及压力增加，在产生变质作用的同时也会释放出可燃性气体。从泥炭到褐煤，每吨煤产生 68 m³ 气；从泥炭到肥煤，每吨煤产生 130 m³ 气；从泥炭到无烟煤，每吨煤产生 400 m³ 气。科学家估计，地球上煤层气可达 2 000 Tm³。

微生物发酵：世界上有不少国家盛产甘蔗、甜菜、木薯等，利用微生物发酵可将其制成酒精。酒精具有燃烧完全、效率高、无污染等特点，用其稀释汽油可得到"乙醇汽油"，而且制作酒精的原料丰富，成本低廉。据报道，巴西已改装"乙醇汽油"或酒精为燃料的汽车达几十万辆，有效减轻了大气污染。此外，利用微生物可制取氢气，以开辟能源的新途径。

第四代核能源：如今，科学家已研究出利用正反物质的核聚变来制造无任何污染的新型核能源的方法。正反物质的原子在相遇的瞬间会产生高当量的冲击波以及光辐射能。这种强大的光辐射能可转化为热能，如果能够控制正反物质的核反应强度，将其作为人类的新型能源，就会引发人类能源史上的一场伟大的能源革命。

第二章　锂离子电池正极材料

第一节　锂离子电池正极材料概述

一、正极材料的特性

正极材料作为锂离子电池的核心组成部分，其性能的优劣是制约锂离子电池发展的关键性因素。基于锂离子电池的工作原理，正极材料应具备以下几个方面的特性：

（1）具有较低的费米能级和较负的吉布斯自由能，从而实现较高的氧化还原电位，获得较高的电压。

（2）具有较好的脱嵌锂结构稳定性，从而确保电池具有好的循环性能。

（3）具有较高的锂离子及电子导电性，从而减小电池极化、实现好的倍率性能。

（4）具有较好的热力学稳定性，在其工作电压范围内不与电解液发生反应。

（5）具有制备简单、价格便宜、安全环保等特点。

除以上基本考虑因素外，人们通常还希望材料在充放电过程中具有较稳定的自由能，从而获得平稳的电压平台；同时期望其能以相对最小的分子量实现最多的锂离子脱入嵌，从而利于获得更高的比容量。

目前，可市场化的正极材料的比容量大都在 $250 \ mAh \cdot g^{-1}$ 以内，工作电压在 4.0 V 上下。而为了满足人们对电池性能的需求，更高能量的正极材料亟待开发，同时现有材料的性能也需进一步优化。

二、正极材料的分类

自从 1980 年报告 $LiCoO_2$ 可作为锂离子电池正极材料以来，其所延伸的过渡金属插层氧化物受到了广泛的关注和研究。从结构上进行分类，常规正极材料主要分为 $LiMO_2$（层状结构，M=Ni、Co、Mn 等）、LiM_2O_4（尖晶石型，M=Mn、Ni 等）和 $LiMPO_4$（橄榄石结构，M=Fe、Mn 等）。

（一）层状 $LiMO_2$ 及衍生正极材料

自从拓扑反应第一次在 Li_xTiS_2/Li 电池中被证实后，针对层状结构氧化物作为锂离子电池正极材料的研究迅速发展起来。典型的层状 $LiMO_2$ 结构中，M^{3+} 和 Li^+ 占据了立方紧密堆积氧层的八面体位，且 Li 层位于 M 和 O 共同形成的八面体层的中间。M 通常是具有电化学活性的过渡金属，如 Ni 和 Co，也可以是其他电化学惰性的取代金属，如 Mn、Al 和 Mg 等。层状 $LiMO_2$ 一般属于三方晶系，其中 M 的平均价态为 +3 价，充放电过程中发生的电化学反应可用下式表示：

$$\underset{(oct)}{Li}\ \underset{(oct)}{M}\ \underset{(cp)}{O_2} \rightleftarrows \underset{(oct)}{\Delta}\ \underset{(oct)}{M}\ \underset{(cp)}{O_2}+Li \qquad (2-1)$$

式中：（oct）为八面体位置；（cp）为立方紧密堆积；Δ 为八面体空位。

锂层中的 Li^+ 可以从一个八面体位置迁移到另一个八面体位置，表明层状结构化合物具有二维的通道可供 Li^+ 快速进行脱嵌。此外，层状 $LiMO_2$ 具有较高的实际放电比容量和工作电压，使其相对于其他正极材料显得非常具有竞争力。

$LiCoO_2$是最早实现商业化的层状结构正极材料，并且如今仍然占据小型电源市场的主流位置。$LiCoO_2$具有典型的 α-$NaFeO_2$ 层状结构，空间群为 $R\bar{3}m$，其理论比容量可达 274 mAh·g^{-1}，工作电压为 3.9 V 左右。然而，$LiCoO_2$的实际放电比容量只有 140 mAh·g^{-1} 左右，远低于其理论值。这是因为在高脱锂的$Li_{1-x}CoO_2(x>0.5)$中易发生晶型的转变，氧从晶体结构中脱出造成层状结构的破坏，同时钴离子迁移至锂层阻碍了锂离子的迁移，因而导致内阻增大，容量快速衰减。$LiCoO_2$在实际充放电过程中，应防止其过充，即截止电压应控制在 4.3 V 以下（$x \leqslant 0.5$），以保证其结构的稳定性。目前，$LiCoO_2$虽然广泛应用于各领域，但是其安全性能欠佳，且钴资源缺乏，毒性大，导致其发展受到了限制。

LiNiO$_2$由于其较高的实际放电比容量（180 ~ 210 mAh·g^{-1}）、自放电率低、储存量大等特点，是继LiCoO$_2$之后备受广泛研究的层状正极材料。LiNiO$_2$具有与LiCoO$_2$类似的晶体结构，但是两者的成键特性不同。LiCoO$_2$的 3d 电子呈 t_{2g}^{6} 分布，轨道电子与氧形成了电子离域性较强的 π 键。而 LiNiO$_2$ 中 Ni^{3+} 的轨道 t_{2g} 被全部充满，3d 电子轨道呈 $t_{2g}^{6}e_{g}^{1}$ 分布。这导致一个电子必须占据 2p 轨道，同时交叠形成 σ 反键轨道，从而导致了电子的离域性较差，Ni–O 键较弱。此外，合成具有化学计量比的 LiNiO$_2$ 较为困难，因为 LiNiO$_2$ 在合成过程中不可避免地会生成 Ni^{2+}，易导致阳离子混排，从而使替代 Li$^+$ 的 Ni^{2+} 阻碍 Li$^+$ 的扩散，增加材料的电极化。再者，Li$_{1-x}$NiO$_2$ 在充放电过程中将发生一系列相变：从六方到单斜（H$_1$ → M），单斜到六方（M → H$_2$）和六方到六方（H$_2$ → H$_3$）。这些相变会引起 LiNiO$_2$ 晶格参数的改变和层状结构的崩塌，同时释放出氧气引起安全问题。因此，即使拥有较高的放电比容量，LiNiO$_2$ 至今也未能实现商业化。

LiMnO$_2$ 由于具有相对于 LiCoO$_2$ 和 LiNiO$_2$ 更低的原材料成本、更低的毒性和更安全的性能，同样受到广泛的关注。LiMnO$_2$ 的结构较为复杂，其理想结构属于三方晶系，但实际上可以分为斜方和单斜两种结构，并且斜方 LiMnO$_2$（o–LiMnO$_2$）具有比单斜 LiMnO$_2$（m–LiMnO$_2$）更好的热稳定性。层状的 LiMnO$_2$ 理论比容量较高，为 285 mAh·g^{-1}，在放电曲线上出现 4 V 和 3 V 两个平台，充放电过程中其结构容易发生层状到尖晶石的转变。

为了得到更加优异的物理和电化学性能，人们开始研究基于 LiCoO$_2$、LiNiO$_2$ 和 LiMnO$_2$ 所衍生出来的多元正极材料，其化学式可表示为 LiNi$_x$Co$_{1-x}$O$_2$、LiCo$_x$Mn$_{1-x}$O$_2$、LiNi$_x$Mn$_{1-x}$O$_2$ 和 LiNi$_x$Co$_y$Mn$_{1-x-y}$O$_2$（0 < x < 1）等。图 2-1 为 LiCoO$_2$、LiNiO$_2$ 和 LiMnO$_2$ 构成的三元相图。在三元相图中，富 Ni 材料可获得高容量，但同时热稳定性和循环性能欠佳；富 Co 材料可改善电子电导率，提高材料的倍率性能，但成本增加，安全性能不足；富 Mn 材料可明显降低成本和提高材料的结构稳定性，可含量过高导致容量降低，且易发生晶型转变。

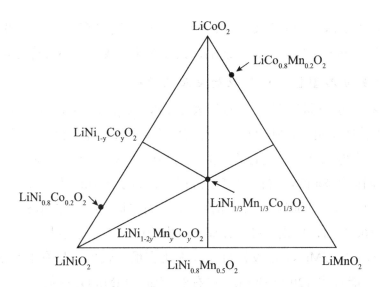

图 2-1 $LiCoO_2$、$LiNiO_2$ 和 $LiMnO_2$ 构成的三元相图

$LiNi_{0.5}Mn_{0.5}O_2$ 是一种二元衍生正极材料的典型代表，是由 $LiNiO_2$ 和 $LiMnO_2$ 按摩尔比为 1 : 1 形成的固溶体氧化物。$LiNi_{0.5}Mn_{0.5}O_2$ 在 2.5 ～ 4.5 V 电压范围内可放出 200 mAh·g^{-1} 的放电比容量，其容量主要来自 Ni^{2+} / Ni^{4+} 和 Ni^{3+} / Ni^{4+} 的氧化还原反应。而 Mn 为 +4 价，其表现为非电化学活性，可提高材料的结构稳定性。此外，$LiNi_{0.5}Mn_{0.5}O_2$ 具有比 $LiNiO_2$ 和 $LiMnO_2$ 更好的热稳定性。当然，$LiNi_{0.5}Mn_{0.5}O_2$ 中 Li 和 Ni 混排较高，电子电导率低，因此其倍率性能有待提高。

1999 年，人们发现 $LiNi_xCo_yMn_{1-x-y}O_2$ 三元衍正极材料的晶体结构与 $LiCoO_2$ 相似。该材料从原则上融合了 Ni 的高容量、Co 的高倍率性能和 Mn 的高结构稳定性，从而获得了更为优异的综合性能，因而受到了广泛的关注。

2001 年，研究人员开发了 $LiNi_{1/3}Co_{1/3}Mn_{1/3}O_2$ 三元正极材料。该材料位于三元相图（图 2-1）的正中心位置，具有较高的放电比容量、良好的结构稳定性、突出的倍率性和适中的成本，目前已应用于笔记本电脑和电动自行车等领域，成为替代 $LiCoO_2$ 最为理想的正极材料。为了进一步提高电池的能量密度，高镍三元衍生正极材料也备受关注。其中，$LiNi_{0.5}Co_{0.2}Mn_{0.3}O_2$ 是继 $LiNi_{1/3}Co_{1/3}Mn_{1/3}O_2$ 之后成功实现商业化的三元正极材料。相对 $LiNi_{1/3}Co_{1/3}Mn_{1/3}O_2$，$LiNi_{0.5}Co_{0.2}Mn_{0.3}O_2$ 具有较高的实际放电比容量和较低的成本，在应用市场上极具竞争力。另外，为了获得更高的放电比容量，研究者们陆续开发了更高镍含量的三元正极材料，如 $LiNi_{0.6}Co_{0.2}Mn_{0.2}O_2$、

$LiNi_{0.70}Co_{0.15}Mn_{0.15}O_2$ 和 $LiNi_{0.8}Co_{0.1}Mn_{0.1}O_2$。然而，这些高镍三元正极材料存在循环稳定性差和安全性能不佳等缺陷，其商业化步伐进展还有待提高。

（二）尖晶石型 $LiMn_2O_4$ 及衍生正极材料

尖晶石型正极材料最典型的代表是 $LiMn_2O_4$，由 Goodenough 等研究者在 1983 年首次报道。$LiMn_2O_4$ 由于锰资源丰富、成本低廉和安全性能突出等优势，在动力电池领域广受青睐。尖晶石型 $LiMn_2O_4$ 属于立方晶系（空间群为 $Fd3m$），四面体 8a 的位置由锂离子占据，锰离子（Mn^{3+} 和 Mn^{4+}）则处在 6d 位，而 O 离子占据八面体的 32e 晶格。值得关注是，四面体晶格 8a、48f 和八面体晶格 16c 共面，形成了可供锂离子自由脱嵌的 3D 隧道结构。

尖晶石型的 $LiMn_2O_4$ 正极材料的理论比容量比较低，只有 148 $mAh \cdot g^{-1}$，实际上也只能放出 120 $mAh \cdot g^{-1}$ 左右的容量。$LiMn_2O_4$ 在放电时，当 Li^+ 的脱嵌量为 $0 < x \leqslant 1$ 时，Li^+ 在四面体的 8a 位置进行脱嵌，此时 Mn 的平均价态在 +3.5 和 +4 之间，晶体结构仍然保持尖晶石型，其发生的氧化还原反应如式（2-2）所示。而当深度放电时，即 $1 < x \leqslant 2$，Li^+ 将嵌入八面体的 16c 位，发生如式 2-3 的电化学反应，此时 Mn 的平均价态低于 +3.5（Mn^{3+} 的比例增加），导致姜 - 泰勒（Jahn-Teller）效应发生，晶体结构由 $LiMn_2O_4$ 立方体相转向 $LiMn_2O_4$ 四方相，从而破坏了 3D 锂离子迁移通道，造成 Li^+ 脱入和嵌出困难。此外，Mn^{3+} 浓度过大而易发生歧化反应，产生的 Mn^{2+} 溶进电解液，就会造成容量的损失。

$$LiMn_2O_4 \Leftrightarrow Li_{1-x}Mn_2O_4 + xe^- + Li_+ \qquad （2-2）$$

$$LiMn_2O_4 + ye^- + yLi^+ \Leftrightarrow Li_{1+y}Mn_2O_4 \qquad （2-3）$$

$LiMn_2O_4$ 迄今已经研究近 30 年，其商业化程度较高，但是其高温下循环和储存性能差成为其突出的缺点，也是限制其大规模应用的瓶颈。在高温下，电解液的分解加速了 Mn 的溶解，这是造成容量衰减的主要原因。目前，人们主要通过掺杂和表面修饰在一定程度上改善 $LiMn_2O_4$ 的高温性能。然而，$LiMn_2O_4$ 较低的放电比容量仍然是其难以弥补的空缺。

$LiNi_{0.5}Mn_{1.5}O_4$ 是尖晶石型 $LiMn_2O_4$ 重要的一种衍生正极材料，其通过 Ni 部分取代 Mn 而获得更高的放电电压（大约为 4.7 V）。$LiNi_{0.5}Mn_{1.5}O_4$ 具有空间群为 $Fd3m$ 的有序结构和空间群为 $P4332$ 的无序结构两种晶型结构。在有序和无序结构中，Ni 和 Mn 的占位不一样，锂离子在两种结构中的传输路径也不一样。一般认为，无序型比有序型尖晶石$LiNi_{0.5}Mn_{1.5}O_4$具有更高的电子电导率，这是因为无序结构$LiNi_{0.5}Mn_{1.5}O_{4-x}$中存在少量的$Mn^{3+}$。因此，非计量比$LiNi_{0.5}Mn_{1.5}O_{4-x}$比计量比$LiNi_{0.5}Mn_{1.5}O_4$具有更好的电化学性能，特别是倍率性能。

尽管尖晶石型$LiNi_{0.5}Mn_{1.5}O_4$具有更高的能量密度、优异的结构和循环稳定性，但是其充放电电压要求超出了目前常规电解液的电压窗口范围，因此在循环过程中会造成电解液的分解和非稳定 SEI 膜的形成，进而阻碍了该材料的实际应用。

（三）橄榄石型 $LiFePO_4$ 及衍生正极材料

橄榄石型$LiFePO_4$由于其原材料资源丰富、无毒无污染，且循环寿命突出，安全性能也大幅度提高，受到了世界各研究院校和产业界的极大关注。1997年，美国德克萨斯州立大学最早申请了$LiFePO_4$作为正极材料的专利。但是，$LiFePO_4$的Li^+传输通道是一维的，Li^+扩散速率较慢，因而造成其放电容量低和循环寿命差。2000 年，加拿大魁北克水利公司采用导电碳对进行表面改性，明显改善了$LiFePO_4$的电化学性能，从此$LiFePO_4$正极材料步入了产业化进程。

$LiFePO_4$具有正交的橄榄石结构，归属于 $Pnma$ 空间群。在堆积$LiFePO_4$中，O 呈现略微扭曲的六方紧密堆积，Li 和 Fe 分别占据八面体中心，而 P 位于四面体 4c 位。从$LiFePO_4$晶体结构看，PO_4四面体夹在FeO_6层之间，因此一定程度上阻碍了Li^+的扩散。此外，相邻的FeO_6八面体之间只是通过共顶点相连，共顶点的八面体相对于共棱的八面体具有较低的电子导电率。因此，$LiFePO_4$本身内在的晶体结构决定了其较差的倍率性能。目前，$LiFePO_4$均需通过表面改性，如包覆导电碳等，才能满足实际应用要求。

$LiFePO_4$的理论容量为 170 $mAh \cdot g^{-1}$，工作电压为 $3.2 \sim 3.4$ V，放点平台平稳。$LiFePO_4$的充放电机理如下：充电时，Li^+从FeO_6中脱出迁入负极，Fe从 +2 价升为 +3 价，电子则通过外电路到达负极，以保持电荷平衡；放电过程则刚好相反。其化学反应式如式（2-4）所示：

$$LiFePO_4 - Li^+ - e^- \rightarrow FePO_4$$
$$FePO_4 + Li^+ + e^- \rightarrow LiFePO_4$$

（2-4）

在实际的充放电过程中，$LiFePO_4$的结构中含有体积相差 6.81% 左右的$LiFePO_4 / FePO_4$两相。也就是说，在Li^+反复进行脱嵌的过程中，$LiFePO_4$的结构保持很好的完整性。因此，$LiFePO_4$具有优异的循环稳定性，特别适合在储能电池等领域的应用。然而，$LiFePO_4$仍然存在能量密度不足、振实密度低和低温性能差等缺陷，限制了其应用范围。

此外，橄榄石$LiFePO_4$的衍生材料，如$LiFe_{1-x}Mn_xPO_4$、$LiMnPO_4$等近些年逐渐受到了人们的关注。引入Mn主要是为了提高正极材料的放电平台。然而，Mn本身存在着姜-泰勒（Jahe-Teller）效应和Mn的溶解等问题，因而该类型材料的实际商业化仍然面临巨大的挑战。

第二节　层状富锂正极材料的制备及结构特征

一、层状富锂正极材料的制备方法

（一）固相法

固相法是指直接将金属氧化物和金属碳酸盐或金属氢氧化物等按一定比例混合，随后进行高温固相反应得到层状富锂材料。固相法的优点在于能够大量合成层状富锂材料，并且制作方法较为简便，成本较低；缺点在于固相烧结过程中固体的扩散系数较差，并且对于层状富锂材料来说，在固相反应中多种过渡金属扩散速率不同，微粒很难充分地扩散，因此该方法合成的材料均一性较差，会影响正极材料的性能。使用此方法需要有效地控制材料的粒径大小及其表面积，并充分均匀混合。同时，烧结温度和升温速率、反应添加剂、压力和气氛等因素对反应产物也有很大影响。

（二）溶胶凝胶法

溶胶凝胶法是指先将过渡金属盐溶液加入螯合剂中生成溶胶，之后蒸发水分使其成为凝胶态，最后将其烘干并焙烧得到层状富锂材料。可将 $Li(CH_3COO) \cdot H_2O$、$Ni(CH_3COO)_2 \cdot 4H_2O$、$Co(CH_3COO)_2 \cdot 4H_2O$ 和 $Mn(CH_3COO)_2 \cdot 4H_2O$混合并溶于水中，溶液加入螯合剂乙醇酸中后搅拌，并用氨水调节pH至$7.0 \sim 7.5$，在70℃～80℃蒸发水分后形成透明凝胶，将凝胶前体加热到450℃在空气中分解5 h，并研磨成固体颗粒，最后在950℃下煅烧20 h，并在空气中淬火制成$Li[Li_{0.1}Ni_{0.35-x/2}Co_xMn_{0.55-x/2}]O_2$。

此方法得到的材料分布均匀，纯度较高，并且制作的电极电化学性能较好。缺点在于材料制作周期长，需要较多螯合剂（有机酸或乙二醇），成本较为高昂，而且制作的层状富锂材料多为较细小的纳米、微米颗粒，振实密度较低，因此目前方法多用于实验室制作层状富锂材料，难以进行商业化的普及。

目前，关于溶胶凝胶法的研究集中于探索不同的螯合剂对所制备层状富锂材料的性能影响，包括柠檬酸、玉米淀粉、酒石酸等。研究发现，酒石酸制作材料由于电荷转移电阻较低，具有最高的初始放电比容量，在 0.1C 时为 281.1 mAh·g^{-1}，2C 时为 192.8 mAh·g^{-1}，其首周库仑效率和倍率性能相对于草酸和琥珀酸来说更佳；但琥珀酸制作材料具有最好的循环性能，在 0.1C 下循环 50 次后容量保持率为 87.4%，即使 0.5C 放电时容量保持率仍高达 80.1%，并证明了在循环过程中并未发生明显的层状结构向尖晶石相转变的现象，说明该材料结构具有更好的稳定性。使用溶胶—凝胶法制作层状富锂材料时，应根据不同的生产需求来选用螯合剂。

除螯合剂以外，材料颗粒的性质在制备中也是重要因素。研究发现，只用硝酸盐作为金属元素来源制作的层状富锂氧化物比用硝酸盐和乙酸盐共同制作的层状富锂氧化物具有更大的比表面积和更多孔径结构，多孔颗粒降低了电极的阻抗，有效地提升了正极材料的电化学性能。

（三）共沉淀法

共沉淀法是指在含有多种金属阳离子的溶液中加入共沉淀剂使金属阳离子完全沉淀，得到的沉淀物即为前驱体，将前驱体经过过滤、洗涤、干燥、热处理等步骤后，得到所需要的材料即为成品。该方法工艺简单，操作简便，使掺杂元素均匀分布，成本较低，是如今最常用且最适用于大规模生产高振实密度材料的方法。共沉淀法的关键步骤是得到理想的前驱体，前驱体的形成包括成核、生长 / 团聚和老化的步骤。得到前驱体后将之与锂盐混合，再通过高温固相反应得到富锂层状材料。前驱体合成中的控制条件与最后产品的形貌及性能直接相关。

在前驱体合成中，盐溶液通常是硫酸盐，而沉淀剂分为碳酸盐沉淀和氢氧化物沉淀。碳酸盐路线的合成工艺比氢氧化物路线更简单更环保，反应条件更为温和，而且形貌更好控制。但如果条件控制不当，则非常容易团聚成过大的二次颗粒，并且其振实密度一般低于氢氧化物路线得到的沉淀物。氢氧化物共沉淀法制备的产物的振实密度较高，性能更稳定，但氢氧化物沉淀的难点在于如何控制条件得到均匀分布的组分。因为沉淀中的 Ni 和 Mn 非常容易被氧化，所以为了得到合适的形貌和组分的前驱体，需要准确控制搅拌速度、pH、反应温度、反应时间、保护气体等条件。

（四）其他方法

近年来，水热法、溶剂热法、喷雾干燥法等其他方法也被用来合成层状富锂材料。

水热法是在特制的密闭容器如高压釜中，用水作反应介质，通过对反应容器加热，获得高温、高压的反应环境，从而合成所需要的材料。该法避免了高温烧结，能耗低，工艺简单，可直接得到分散且结晶良好的粉体；并且通过控制水热条件，可得到不同形貌的粉体，制得的材料物相均一，粒度范围分布窄，结晶性好，纯度高。

溶剂热法是基于高温、高压，锂离子、镍离子、钴离子和锰离子在液相中生长、结晶而制成样品材料的方法。有些溶剂热法制得的粉体无须经过高温烧结即为最终产物；而有些溶剂热法制得的产物只是富锂材料的前驱体，仍然需经过初烧、配锂、高温烧结等步骤才能得到最终产物。溶剂热法的优势在于其高温高压的反应条件可有效控制材料生长晶面、调节材料形貌，但其工艺对设备的要求较高，生产成本高，因此并没有得到工业化应用。

喷雾干燥法是指将前驱体喷洒到热干燥介质中，将其从流体状态转变为干燥的颗粒形式。用这种方法进行干燥的主要目的是获得具有所需性能的干燥颗粒。

二、层状富锂材料的结构形貌测试方法

（一）X射线衍射

X射线是一种波长很短、能量较大的电磁波，可穿透一定厚度的物体。因其波长和晶体结构中周期性规则排列的点阵间距相近，所以可将晶体作为光栅，在X射线照射时使之发生衍射现象，得到的不同衍射电磁波对应着不同的特定原子或分子结构。X射线衍射（X—ray diffraction，XRD）就是利用这种特性，向待检测的材料发射一定波长的X射线电磁波，接收探测装置通过将X射线转化为可见光（便于成像）来反映所检测到衍射光束的角度、强度等参数，图像是通过检测所发射一定波长、能量的X射线经过衍射后的被吸收程度而产生的，再根据其信息所对应不同的特定原子或分子结构，从而分析得到晶体内部的结构、化学键等信息。层状富锂材料的X射线衍射实验通常将待检测的材料研磨至320目左右粒度，黏结在对X射线不产生衍射的胶带

上，固定在试样架凹槽中，置入仪器进行检测。

图 2-2 为不同组分下材料的 XRD 衍射图。层状富锂材料 $x\text{Li}_2\text{MnO}_3 \cdot (1-x)\text{LiNi}_{0.5}\text{Mn}_{0.5}\text{O}_2$ 包含的两种组分 Li_2MnO_3 与 $\text{LiNi}_{0.5}\text{Mn}_{0.5}\text{O}_2$ 中，$\text{LiNi}_{0.5}\text{Mn}_{0.5}\text{O}_2$ 具有与 LiCoO_2 相同的 $\alpha - \text{NaFeO}_2$ 型层状结构，属于六方晶系，$R\overline{3}m$ 空间点阵群；而在另一组分 Li_2MnO_3 中，过量的 Li^+ 在过渡金属层中与 Mn^{4+} 以 $1:2$ 的比例占据中 $\alpha - \text{NaFeO}_2$ 的 Fe^{3+} 位，形成 LiMn_6 超结构，使其晶格对称性较 $\text{LiNi}_{0.5}\text{Mn}_{0.5}\text{O}_2$ 有所下降，但仍具有由 $\alpha - \text{NaFeO}_2$ 衍生而来的层状结构。因此，正如图 2-2 所示，所合成的富锂材料的 X 射线衍射峰与 LiCoO_2 峰位对应较好，尤其是（006）/（012）、（018）/（110）两对峰分裂明显，表明材料具有良好的层状结构。

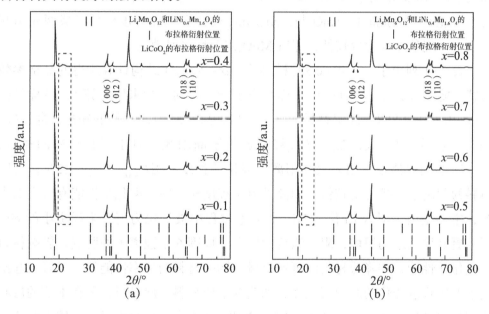

图 2-2　不同组分下材料的 X 射线衍射（XRD）图

Li^+ 在 Li_2MnO_3 组分过渡金属层中形成的 LiMn_6 超结构在 XRD 表征中表现为 $2\theta = 20^\circ \sim 25^\circ$ 区域内微弱的超晶格衍射峰，这一结构特点在所制备的材料中均得到了体现（图中虚线框所示），且随着 Li_2MnO_3 组分的增多，$2\theta = 20^\circ \sim 25^\circ$ 处微弱的衍射峰峰强相应增大。Li_2MnO_3 有别于 $\text{LiNi}_{0.5}\text{Mn}_{0.5}\text{O}_2$ 的这一结构特点，两者相对含量发生变化时，就会对所合成的富锂材料的结构产生影响。当 x 值较小时（如 $x = 0.1 \sim 0.3$），相应材料在 $2\theta = 36.5^\circ, 38.0^\circ, 44.2^\circ, 64.4^\circ$ 等处出现了杂质峰（图中 * 号所示处），通过与两种尖晶石相标准 PDF 卡峰位的对比

发现，这些杂质峰与尖晶石相$Li_4Mn_5O_{12}(Fd2m)$，$LiNi_{0.5}Mn_{1.5}O_4(P4332)$对应均较好，其归属难以判断，但可以确定的是，这些杂质峰来自尖晶石相。此外，通过图2-2（a）与（b）对比可见，当x值增大时，这些杂质峰逐渐变弱直至消失，这表明Li_2MnO_3组分较多时能有效抑制尖晶石杂相的生成。也有学者认为，$2\theta = 20°\sim25°$处微弱的衍射峰应对应Li_2MnO_3相的纳米域，而非 Li/Mn 超晶格排布。XRD 衍射峰峰强的高低常被认为与材料晶体的长程有序度相关，这一关联是基于两种解释的。一种解释认为，晶体内部是完全均匀的，因而晶胞参数直接反映有序度；另一种解释认为，晶体内部存在元素的偏析，形成局部的纳米域。按照后者的观点，图2-2 中$2\theta = 20°\sim25°$处衍射峰逐渐增大。应归因于Li_2MnO_3相纳米域的增多。此外，上文所述的杂质峰，尤其当x较小时，也有可能是因为此时Li_2MnO_3与$LiNi_{0.5}Mn_{0.5}O_2$组分的相容度较低形成两相引起的。这一现象在镍含量较低，即Li_2MnO_3组分增多时消失。

表2-1 列出了$x = 0.4\sim0.8$时材料基于$\alpha-NaFeO_2$结构计算所得的晶格参数与特征峰强度比（$x = 0.1\sim0.3$的样品由于杂质峰的干扰未做计算），各样品的c/a值均大于 4.899，说明材料均具有良好的层状结构，两种组分的融合较好；同时，随着x的增大，$I_{(003)}/I_{(104)}$峰强比值不断增大。对于层状结构的材料，$I_{(003)}/I_{(104)}$的比值常被用来表征阳离子混排的程度，当$I_{(003)}/I_{(104)} > 1.2$时，说明材料的阳离子混排程度较低。阳离子混排程度对材料的电化学性能有较大的影响，主要是因为混入 Li 位的Ni^{2+}在充电过程中被氧化为离子半径更小的Ni^{3+}后，更易导致结构坍塌，阻碍错位的镍原子周围 6 个锂离子的脱嵌，影响材料的电化学性能，如降低材料的可逆容量，影响材料的倍率性能等。尽管引起阳离子混排程度变化的原因有很多，如改变合成材料的原材料，但在本节的层状富锂材料$xLi_2MnO_3\cdot(1-x)LiNi_{0.5}Mn_{0.5}O_2$中，$Ni^{2+}$与$Li^+$的离子半径较为接近是发生阳离子混排的主要原因，因此材料中阳离子混排的程度会随镍含量的变化而变化；当Li_2MnO_3组分增多时，材料中的Ni^{2+}含量相应减少，阳离子混排程度降低。

表2-1 不同x值下材料的晶胞参数

x	a/nm	c/nm	c/a	$I_{(003)}/I_{(104)}$
0.4	0.286 629	1.426 977	4.978 481	1.330 152
0.5	0.285 685	1.421 782	4.976 747	1.333 911

续　表

x	a/nm	c/nm	c/a	$I_{(003)}/I_{(104)}$
0.6	0.285 193	1.422 490	4.987 815	1.458 088
0.7	0.285 009	1.422 438	4.990 853	1.574 4%
0.8	0.284 820	1.421 168	4.989 706	1.666 258

（二）扫描电子显微镜

扫描电子显微镜（scanning electron microscope，SEM）是依据电子和物质的相互作用而对材料进行物理、化学性质的表征，其主要原理是向材料轰击一束高能电子束，检测其产生的二次电子、俄歇电子、红外／紫外电磁辐射等次级电子，再将次级电子转化为光信号，经过光电倍增管转化为电信号，最终在显示屏成像来反映材料的相关性质。其关键是开发有效的信息探测器，不同的探测器可检测材料的不同性质。SEM 的分辨率通常为 1.5 ～ 3 nm，这个分辨率大约比光学显微镜高 2 个数量级，而比透射电镜低 1 个数量级。目前，扫描电镜的分辨率为 6 ～ 10 nm，从扫描电镜的照片就可以清楚地观察测试材料的粒度大小、表面形貌以及均匀性。

目前，通常采用场发射扫描电子显微镜对层状富锂材料进行表征，将检测的材料样品通过黑色导电胶带贴在样品台上，对样品表面喷涂金颗粒以增加其导电性，随后将样品台置入仪器。扫描电子显微镜的电子枪发射电子束，因材料表面结构凹凸不平，其激发的次级电子的角度和数量都不相同，探测器根据接收到的不同次级电子反映出材料表面的形貌，并通过显示屏显示表征。

（三）透射电子显微镜

透射电子显微镜的成像原理类似于投射式光学显微镜，区别是光源变为电子束，玻璃透镜变为电磁场，由荧光屏成像，将经过加速和聚焦的高能电子束投射到薄试样上，由电子与试样中的分子原子发生碰撞后，产生透射电子和散射电子。经由透射电子束和衍射电子束分别形成明场像和暗场像，明场相的衬度与样品的厚度及密度有关，可用于观察样品的微观形貌与结构，暗场像则可观察到晶格缺陷的类型和各种晶面。由于电子束的穿透力较弱，透射电镜的样品需制作成厚度小于 100 nm 的超薄切片。透射电子显微镜的优点在于放大倍数高且分辨率高（可达 0.1 ～ 0.2 nm），一般透射电子显微镜由电子照明系统、电磁透镜成像系统、真空系统、记录系统和电源系统五部分构成。除了 TEM 之外，透射电镜还包括高倍透射电镜（HRTEM）和球差矫正高倍透射电镜（STEM）等，在 TEM 基础上具有更高的分辨率，可以观测样品原子级别的结构。此外，TEM 也可以加入 EDS 测试，对更细小的选区进行元素分布和含量的分析。

透射电子显微镜及其附属功能可以有效地识别层状富锂材料的晶体结构与原子排列，并可以观察到材料表面的微观变化，得到的结果可以用 XRD 等手段验证。

（四）拉曼光谱研究

拉曼光谱分析基于拉曼散射效应，利用单色光照射到材料上，产生与入射光频率不同的散射光，并利用光谱检测对称的非极性基团。不同的散射现象可以检测出样品的不同结构，在层状富锂材料中，由于拉曼光谱具有高灵敏度的特点，因此能够检测出 XRD 手段难以发现的材料结构的细微变化。例如，检测层状材料中是否出现了尖晶石结构等。

（五）粒度分析

粒度分布是材料的基本信息之一，确定材料颗粒的不同粒径的大小分布情况有多种方法，如电泳法、筛分法、显微镜法和激光粒度法等。层状富锂材料及其前驱体的颗粒均属于微米或纳米级别的小颗粒，因此常用激光粒度仪来分析层状富锂材料的粒度分布。

激光粒度仪的原理是当激光光源发出波长一定的单色光后，遇到颗粒阻挡时将发生散射现象，且激光发生散射后的光能空间分布与颗粒的粒径有关，利用激光照射大量颗粒后，根据各空间分布的能量大小就可推算出各种大小颗粒的分布情况。

（六）比表面分析

由材料的比表面积测试可得出材料的孔隙结构与分布，材料的多孔结构影响材料的吸附性能。基于层状富锂材料制作的高比表面积电极可以提供更多的锂离子脱出与嵌入的反应位点。目前常用的比表面积测试方法是氮气吸附法，其原理是将烘干并脱气后的样品置于氮气气氛中，然后调节气压，使孔结构吸附氮气，根据滞后环的形状确定孔的形状，不同孔径大小需要运用不同的计算模型（基于 BET 方程）计算孔容积、孔分布和比表面积。

相对于纳米级而言，微米级的富锂锰基材料会有更好的循环稳定性，这是由于比表面积减小，颗粒与电解液接触的总面积减小，因此产生的副反应更少。

（七）振实密度

振实密度是指粉体材料在一定条件下进行振动压缩后所具有的密度，振实密度的测量一般在振实密度仪中完成，测量方法有固定质量法、固定体积法等。

对于富锂锰基材料而言，锂元素这种典型轻元素的质量占比较其他普通正极材料而言更高，通常可以达到 10% 以上，因此材料的理论密度较小，仅为 4.22 g·cm⁻³，与钴酸锂（5.06 g·cm⁻³）、三元体系（4.5 g·cm⁻³）材料相比有较大差距。在同样制备工艺的情况下，富锂锰基材料的振实密度仅为 2.0g.cm⁻³ 左右，所制备的正极压实密度约为 2.6 g·cm⁻³。较高的振实密度可以提高正极材料的体积比容量，有利于商业化应用；由于纳米材料振实密度比较低，因此目前微米级的富锂锰基材料更具优势。

（八）元素含量分析

X 射线光电子能谱（X—ray shoto electron spectroscopy，XPS）是一种广泛使用的表面元素化学成分和元素化学态分析技术。XPS 技术具有很多独特优点：首先，它可以给出元素化学态的信息，从而用于分析元素的化学态或官能团，XPS 可以分析原子序数为 3 ～ 92 的元素，给出元素成分和化合价态分析；其次，它的分析深度一般小于 10 nm；再次，固体样品做 XPS 分析时用量小，而且不需要进行前处理，所以可以避免引入或丢失元素所造成的误差；最后，XPS 分析速度很快，同时可进行多种元素的分析。

XPS 的理论基础是爱因斯坦光电定律。对于自由分子和原子：

$$E_k = hv - E_b - \varphi \qquad (2-5)$$

式中：hv 为已知的入射光子能量；E_k 为测定的光电过程中发射的光电子的动能；φ 为已知的谱仪的功函数；E_b 为内壳层束缚电子的结合能（binding energy），其值等于把电子从所在的能级转移到费米能级时所需的能量。

在实验中，用一束具有一定能量的 X 射线照射固体样品，入射光子与样品相互作用，光子被吸收而将其能量转移给原子的某一壳层上被束缚的电子，此时电子把所得能量的一部分用来克服结合能和功函数，剩下的能量则作为它的动能发射出来，成为光电子，这个过程就是光电效应。通过光电定律就可以得到 XPS 能图谱。在能谱图中，可通过特征谱线的位置（结合能）来鉴定元素的种类。对同一元素，当化学环境不同时，元素的 XPS 谱峰会出现化学位移，因此我们可以通过谱峰的位移来鉴定元素的化合价。另外，X 射线光电子能谱谱线强度反映原子的含量或相对浓度，通过测定谱线强度可进行定量分析。

此外，电感耦合等离子体质谱（inductively coupled plasma mass spectroscopy，ICP-MS）可以对元素周期表中 70 多种元素进行定性和定量分析，是一种基本元素含量的分析技术。ICP-MS 分析在富锂锰基材料的测试中有广泛的应用，可用来分析材料中金属元素的含量，对于调整富锂中过渡金属元素的占比具有重要意义，可以应用 ICP-MS 技术对富锂锰基材料颗粒或材料中过渡金属元素在电解液中的溶出现象进行测试。

（九）热分析

热重分析（thermogravimetric analysis，TGA 或 TG）是针对制备材料常用的热分析方法，在程序控制温度下，检测记录测试材料的质量和温度的关系，从而分析材料的组成和测试其热稳定性。需要注意的是，热重分析记录的是材料的质量变化而不是重量，因为在检测环境中，强磁性材料到达居里点时有失重表现但质量并没有发生变化。热重分析可分为静态法和动态法两种。静态法有等温质量变化测定和等压质量变化测定两种。等温质量变化测定是控制温度不变，测量压强变化和物质质量变化的关系，等压质量变化测定是控制分压不变，改变温度，检测温度和物质质量变化的关系。其中，等温质量变化测定更准确，但用时较长。动态法有热重分析（TGA）和微商热重分析（DTG）两种，微商热重分析是分析材料质量的变化率（TGA 曲线对温度或时间求一阶导）与温度的关系。

此外，差示扫描量热法（differential scanning calorimetry，DSC）也是一种快速、可靠的热分析方法。它的工作原理如下：试样和参比物分别具有独立的加热器和传感器，样品发生任何热效应，均会导致温度发生微小的改变，产生温差电势，经过差热放大器放大后，把信号传送给功率补偿单元，改变二者的加热功率，无论试样产生任何热效应，试样和参比物之间的温度差都等于零。

三、层状富锂材料的电化学性能测试

（一）恒电流充、放电测试

恒电流充、放电是在电流一定的情况下对电池进行充、放电，并记录电池的电压变化情况来得到电池的电化学性能，主要用于测试电池的循环性能以及容量，并可以得到电池容量随充、放电循环产生衰减的数据，通过做出充、放电曲线和容量曲线以反映循环中电池的库仑效率，以及充、放电和电压平台等数据。

在对电池进行恒流充、放电测试之前，需要先计算活性材料理论比容量，即单位质量的活性材料在放电过程中理论上所放出的电量，其计算公式如下：

$$C_0 = \frac{N_A \times e \times z}{M_W} \tag{2-6}$$

式中：C_0——活性材料的理论比容量，$mAh \cdot g^{-1}$；N_A——阿伏伽德罗常数，mol^{-1}；e——一个电荷所带的电量；z——活性材料氧化还原反应得失的电子数；M_W——活性材料的分子量。

将 $1 s=1/3\ 600\ h$，N_A、e 等常数代入上式中，即可得到理论比容量的计算公式：

$$C_0 = \frac{6.02 \times 10^{23} \times 1.6 \times 10^{-19} \times z}{3\ 600 M_W} = 26.8 \frac{z}{M_W} \left(Ah \cdot g^{-1} \right) \tag{2-7}$$

由于比容量常用单位为 $mAh \cdot g^{-1}$，因此理论比容量的计算公式可以转化为：

$$C_0 = 26.8 \frac{z}{M_W} \times 1\ 000 \left(mAh \cdot g^{-1} \right) \tag{2-8}$$

实际放电比容量（C）即单位质量的活性材料在放电过程中实际上所放出的电量，其计算公式如下：

$$C = \frac{It}{m} \left(mAh \cdot g^{-1} \right) \tag{2-9}$$

式中：C——活性材料的实际放电比容量，$mAh \cdot g^{-1}$；I——恒流放电电流，mA；t——放电时间，h；m——活性材料的质量，g。

典型富锂锰基材料的首次充、放电曲线如图 2-3 所示。图中可以人为地将材料首次充电曲线分为两个阶段：第一个阶段是充电电压低下 4.5 V 的斜坡阶段，此时材料中的锂从锂层脱出，伴随如 Ni、Co 等易变价过渡金属元素的氧化，主要对应结构中 $R\overline{3}m$ 相的活化，这一阶段的充电比容量可达 120m Ah·g^{-1} 以上。第二个阶段是充电电压高于 4.5 V 时的情况，从图中可以看到一个很长的平台，对应的是 Li_2MnO_3 组分的活化，平台至 4.8 V 之间的比容量可超过 200 mAh·g^{-1}，这个阶段材料中的 Li 从过渡金属层中脱出，但此时材料中的过渡金属元素均处于很高的价态，很难继续氧化至更高的价态。因此，有学者提出了氧阴离子—过氧/超氧阴离子（$O^{2-}/O_2^{2-}(O_2^-)$）氧化还原电对的概念来，以解释富锂锰基材料异常的高比容量。

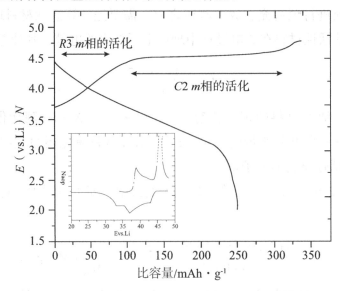

图 2-3 典型富锂锰基材料首次充、放电曲线

目前对富锂锰基材料电化学循环测试的电压范围基本设定在 2.0 ～ 4.6 V 或 4.8 V，富锂锰基材料在这个电压区间内能充分发挥其容量优势。如果缩小电压范围，理论上任何材料的比容量都将降低，但这一点对于富锂锰基材料来说会更加严重：当材料在 3 ～ 4.4 V 循环时，其比容量难以超过 170 mAh·g⁻¹，而在 2 ～ 4.8 V 区间内则可以达到 250 mAh·g⁻¹ 左右。

（二）循环伏安法

循环伏安法是线性扫描技术中的一种，设定以初始电势 φ_1 为起点，使电极电势朝一个方向随时间做线性变化，并根据不同需求设定扫描速率 v 以及记录下电流的变化情况，当电势达到 φ_2 后，继续以相同的速度反方向重新扫描至 φ_1，之后以三角波的形式在两电势间来回扫描，根据电流随电极电势的变化即可做出循环伏安曲线。从曲线上可观察到代表氧化反应的氧化峰和代表还原反应的还原峰，根据氧化还原峰的峰电势及其差值、峰电流大小等参数可以研究电池的可逆性能、反应历程、吸附现象和反应机理等。在富锂材料研究中，可以使用循环伏安法测试富锂锰基正极材料，表征制作电极的可逆性，并结合充、放电曲线研究层状富锂材料的电化学反应机理。

在扫描的过程中，一方面电极反应速率随电极电势增加而增加；另一方面随着反应的进行，电极表面反应物的浓度下降，扩散流量逐渐下降，相反的作用共同造成了电流峰。

在假设电极反应可逆的前提下，室温下（25℃）峰值电流 I_p 的表达式为：

$$I_{\mathrm{p}} = \left(2.69 \times 10^5\right) n^{3/2} S D_o^{1/2} v^{1/2} C_o^0 \qquad （2-10）$$

式中，I_p 为峰值电流，A；n 为电极反应的得失电子数；S 为电极的真实表面积，cm^2；D_o 为反应物的扩散系数，$cm^2 \cdot s^{-1}$；C_O^o 为反应物的初始浓度，$mol \cdot cm^{-3}$；v 为扫描速率，$V \cdot s^{-1}$。

（三）交流阻抗法

交流阻抗测试也称为电化学阻抗图谱，是以小振幅的正弦电位或电流作为扰动信号的一种电化学测试方法。在测试过程中，小振幅的正弦电位或电流的扰动信号和被测试体系的响应是线性相关的，通过所呈现的线性相关关系可以进一步分析被测试体系等效电路、动力学参数等。同时，小振幅的扰动信号不会对被测试体系造成较大影响，不妨碍体系继续进行其他的电化学测试。此外，采用不同频率的激励信号时，还能提供丰富的有关电极反应的机理信息，如电化学反应、表面膜以及电极过程动力学参数等。交流阻抗法主要是测量法拉第阻抗（Z_f）及其与被测定物质的电化学性质之间的关系，通常用电桥法来测定。在进行层状富锂材料的交流阻抗测试时，通常将装配好的扣式电池固定在模具或夹具上，使用电化学工作站进行测试。测试的参数设置一般为电压振幅为 0.005 V，频率范围为 $10^{-2} \sim 10^5$ Hz，模式为傅立叶变换（FT）。通过测试得到正极材料的阻抗参数和阻抗谱图，通过 Z-VIEW 软件对阻抗谱图进行拟合，从而获得电池的模拟等效电路和动力学参数。

（四）扣式电池装配及测试

实验室经常以人工涂片的方式制作扣式电池的正极极片，即先按一定的质量比称取活性物质、导电剂（通常使用乙炔黑）和黏结剂（通常使用聚偏氟乙烯（PVDF）），置于研钵中研磨，在研磨过程中滴加 PVDF 和 N- 甲基吡咯烷酮（NMP）调节黏度。研磨完成后，用湿膜制备器匀速涂在作为集流体的铝箔上，在 60℃的烘箱中烘干 24 h，再使用裁片机将其裁成扣式电池正极极片的尺寸，并称量其质量以便计算活性物质的质量。

扣式电池的装配在氩气手套箱中完成，所制得的极片为工作电极，金属锂片为对电极和参比电极；电解液为 1 mol · L^{-1} $LiPF_6$ 的碳酸乙烯酯

（ethylenecarbonate，EC）和碳酸二甲酯（dimethyl carbonate，DMC）（体积比1：1）的混合溶液；隔膜采用多孔复合聚合物膜。手套箱中充满氩气的环境可以有效避免负极锂片的氧化。将正极极片装入自封袋中于进物仓中3次抽真空、清洗、排除进物仓中的氧气后再在手套箱中取出正极极片。选取表面干净无水渍的正、负极电池壳，将正极极片和表面光洁无划痕的负极锂片分别置于正、负极电池壳正中位置，在正极极片表面放置无折痕的隔膜，并从隔膜和电池壳边缘处滴加电解液，注意要避免电解液和正极极片、电池壳之间产生气泡。然后将负极电池壳和负极锂片装入正极，随后整体置于自封袋中，从手套箱中取出，使用液压式封口机压实封装。所制得的扣式电池在测试环境中静置24 h后，装配在模具或夹具上，运行测试程序对其进行电化学性能测试。恒流充、放电测试采用Land200I CT电池测试系统，充、放电电压区间一般为2.0～4.8 V。

第三节　尖晶石 $LiMn_2O_4$ 正极材料的制备与改性

一、$LiMn_2O_4$ 的合成方法

Li-Mn-O系化合物存在多种结构体系，不同结构体系的Li-Mn-O化合物具有不同的特点和电化学性能。Li-Mn-O系化合物构型存在多样性，所以要合成具有特定组成和单一晶相的 $LiMn_2O_4$ 嵌锂化合物具有一定的难度。尖晶石 $LiMn_2O_4$ 的制备方法从低温到高温，由固态到液态，不一而足，但从宏观角度出发，使用不同合成工艺制备得到的 $LiMn_2O_4$ 具有不同的电化学性能。目前，人们多使用基于固相法和液相法两种不同的工艺来制备尖晶石 $LiMn_2O_4$ 正极材料。

（一）固相法

固相法是一种传统制粉工艺，包括高温固相法、熔融浸渍法、固相配位法、微波烧结法。

1.高温固相法

高温固相法即将锂、锰的金属氧化物或其对应的盐按照一定的化学计量比混合均匀，再经一定时间的高温反应制得尖晶石型 $LiMn_2O_4$ 锂离子电池正极

材料。图 2-4 为高温固相法制备尖晶石的工艺流程。

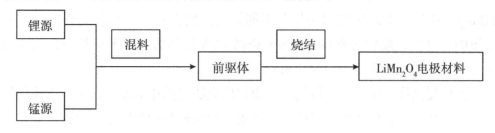

图 2-4　高温固相法工艺流程图

以一定化学计量比的 Li_2CO_3 和 $MnCO_3$ 为起始原料，于空气气氛中，采用 450℃加热 24 h，750℃加热 24 h 的分段烧结制度，可制备到纯相 $LiMn_2O_4$ 正极材料。

高温固相合成中的起始原料、烧结温度、降温速率等工艺条件不仅直接关系到电池材料的生产成本，同时可以作用于材料的各种物性参数，在很大程度上影响着材料电化学性能的发挥。研究发现，烧结温度大于 750℃时会有 Li_2MnO_3 杂相产生，材料的电化学性能将有所恶化。

2.熔融浸渍法

熔融浸渍法是指将一定化学计量比的锂盐与含锰化合物混合加热至锂盐熔点，锂盐熔化浸入含锰化合物的微孔中，再经加热反应一定时间制备得到尖晶石型 $LiMn_2O_4$ 锂离子电池正极材料。例如，可以不同的含锂熔盐和氧化锰为起始原料，通过控制工艺条件制备出一系列不同大小和形状的晶体材料，其中针状和薄片形 $LiMn_2O_4$ 具有较高的初始放电比容量和较好的循环性能。

熔融锂盐浸入含锰化合物的微孔中可以大大增加原料之间的接触面积，加速固相反应的进行，从而提高固相反应的效率，降低固相反应的温度。熔融虽然增加了反应物分子之间的接触面积，在一定程度上提高了材料的均匀性，但是其仍无法保证原料在分子水平上进行充分接触，即容易产生副产物。此外，该法条件苛刻，操作复杂，不利于产业化。

3.固相配位化学反应法

固相配位化学反应法是近年来兴起的一种崭新的合成方法，即将在室温或低温下合成的含锂、锰的固相金属配合物置于一定温度下进行热分解处理，进而制备得到尖晶石 $LiMn_2O_4$ 锂离子电池正极材料。例如，以硝酸锂和醋酸锰为起始原料，以柠檬酸为配位剂，采用固相配位化学反应法可制备出超细 $LiMn_2O_4$ 粉体。不同配位剂用量和不同烧结温度会对合成材料的性能产生一定影响。其中，配位前驱体在 550℃烧结 12 h 得到的材料平均粒径为 138.12 nm，首次放电比容量可达 124.2 mAh·g^{-1}。

固相配位化学反应具有传统高温固相反应法的操作简便、易于产业化的优点，同时该烧结温度较低，反应时间较短，合成材料的粒度小、形貌好，是一种颇有前景的合成方法。

4.微波烧结法

微波烧结法多应用于陶瓷材料的制备，近年来开始应用于锂离子电池正极材料的合成。微波烧结即将原料置于微波场中，自其内部直接加热，从而实现产品的合成。例如，可以碳酸锂和二氧化锰为起始原料，采用微波烧结法，于微波场中保温 10 min 制备得到 $LiMn_2O_4$ 正极材料。

微波烧结实现了从材料内部的均匀加热，大大缩短了反应时间，通过调节微波功率和微波加热时间可以控制合成材料的物相结构，易于产业化。但是，微波烧结法所制备的产物形貌较差。

（二）液相法

液相法即在室温条件下，将原料配成溶液，通过化学反应（聚合反应、沉淀反应、水解反应、离子交换反应），合成均相前驱体，然后经过热处理来制备产品的一种软化学合成技术。液相法主要包括以下内容。

1.Pechini 法

Pechini 法，现在已成为制备尖晶石锂锰氧化合物的一种重要液相合成技术。Pechini 是基于某些有机弱酸可与某些金属阳离子形成螯合物，该螯合物可以与多元醇聚合形成网状聚酯类化合物的原理而发展起来的一种制备方法。该方法主要包括螯合反应、酯化反应、聚合反应三个主要反应。例如，可基于 Pechini 法的原理，以硝酸锂、硝酸锰为起始原料，以柠檬酸、乙二醇为聚合单体，于空气气氛中 800℃烧结 6 h，制备电化学性能良好的尖晶石型 $LiMn_2O_4$ 正极材料。

由于金属阳离子被稳定在弱酸和多元醇形成的有机高分子化合物的网络结构中，克服了合成中的远程扩散和均匀性问题，易于在相对较低的温度条件下制备得到均一的单相氧化物粉末。但是，Pechini 法需要消耗大量的酸和醇，经济成本较高；此外，该法步骤多、操作复杂，难于产业化。

2. 溶胶凝胶法

溶胶凝胶法是一种较为先进的软化学合成方法。传统的溶胶凝胶合成方法以金属醇盐或无机盐为原料，经过水解为溶胶→溶胶浓缩制备凝胶→凝胶干燥得到固相前驱体→前驱体烧结处理的步骤得到产品。针对采用金属醇盐为原料存在的成本高、周期长、工艺复杂等问题，科研工作者开发出了一系列改进的溶胶凝胶制备方法，主要有络合物溶胶凝胶法和高分子网络凝胶法。

不同于传统醇盐溶胶凝胶的概念，络合物溶胶凝胶法中使用的有机络合剂可与无机盐形成可溶性的络合物，通过蒸发溶剂、氢键的相互作用交联形成凝胶。例如，可采用以柠檬酸为络合剂的溶胶凝胶法，在600℃条件下烧结10 h，制备粒径分布在40 nm左右的尖晶石型 $LiMn_2O_4$ 正极材料。又如，可使用比柠檬酸络合能力更强的己二酸为络合剂，通过溶胶凝胶法，于750℃条件下烧结制备循环性能较佳（15次循环后容量保持率为96.2%）的尖晶石 $LiMn_2O_4$ 正极材料。

改进的溶胶凝胶法是利用胶体化学制备材料的一种方法，它克服了固相反应的缺点，原料中的各个组分可以达到原子水平的均匀混合，可以精确地控制化学计量比，降低热处理温度，产品均匀性较好，现已被广泛应用于锂离子电池电极材料的制备领域。

3. 共沉淀法

共沉淀法是较早应用于超细材料制备的一种合成技术，即向可溶性锂盐和锰盐的混合溶液中加入沉淀剂，并通过调节析出共沉淀物，然后对共沉淀物进行干燥，焙烧处理转化成为尖晶石 $LiMn_2O_4$ 正极材料。例如，可将醋酸锰与氢氧化锂水溶液混合，通过分段烧结制备纯相尖晶石 $LiMn_2O_4$ 电极材料。

共沉淀法工艺简单，同时与固相法相比，该法可以在较低的温度下得到混合均匀、反应活性较高的前驱体，经焙烧后的材料具有较佳的电化学循环性能。但是，由于沉淀反应属于快速反应，其过程的反应速率不可控，反应程度亦受到原料溶解度差异的限制，反应易出现偏析现象，故需要对共沉淀法的工艺进行严格的控制和相应的改进。

4. 离子交换法

离子交换法，即利用固体离子交换剂中的阳离子或阴离子与溶液中的同性离子发生交换反应来制备材料的一种合成技术。用离子交换法来制备锰酸锂是基于锰氧化物对锂离子具有较强的选择性与亲和力，通过固体无机盐等固体离子交换剂中的阳离子与锂离子发生离子交换反应制备锰酸锂。虽然共沉淀法制备的锰酸锂电化学性能不够理想，但其为低温合成锂离子电池正极材料提供了一条新的途径。

此外，乳化干燥法、流变相法、点火燃烧法、成核／晶化隔离法等也是制备尖晶石 $LiMn_2O_4$ 正极材料的有效方法。

二、尖晶石 $LiMn_2O_4$ 正极材料的改性

尖晶石锰酸锂是一种颇具潜力的绿色锂离子电池正极材料，可以作为电动交通工具用电源材料。但是，尖晶石锰酸锂的放电比容量和电化学循环性能限制了其商业化进程。采用金属离子掺杂方式对尖晶石锰酸锂进行改性是抑制其 J-T 畸变效应，从根本上增强其结构稳定性，改善其电化学性能最为行之有效的方法。

选择半径与锰离子半径相近的金属离子可以减小由于掺杂带来的晶体结构收缩或膨胀，因为掺杂金属离子半径过大或过小都可能造成材料晶格过度扭曲，导致容量衰减、循环性能变差，选择低价掺杂金属离子可以提高尖晶石锰酸锂中元素的平均价态，抑制 J-T 畸变效应；选择具有与锰离子相近或是更高八面体场择位能的掺杂金属离子可以使其顺利地进入锰酸锂八面体的 16d 位置，确保材料尖晶石构型的稳定性；选择可以与 O 形成具有比 Mn-O 键能更强的金属－氧键的掺杂金属离子，可以增强尖晶石 MnO_6 八面体结构的稳定性。

基于以上选择原则，可选用 Ni^{2+} 作为掺杂金属离子，Ni^{2+} 半径为 0.69 Å，接近 Mn^{3+} 离子半径 0.66 Å，Ni-O 结合能为 1 029 kJ/mol，强于 Mn-O 键（946 kJ/mol），且其具有较强的八面体场择位能 87.78 kJ/mol。

（一）单元金属离子掺杂改性 $LiMn_2O_4$ 的具体操作

单元金属离子掺杂改性尖晶石 $LiMn_2O_4$ 正极材料的具体的操作步骤如下。

（1）按照摩尔比柠檬酸锂（$Li_3C_6H_5O_3 \cdot 4H_2O$）：乙酸锰（$Mn(CH_3COO)_2 \cdot 4H_2O$）：乙酸镍（$Ni(CH_3COO)_2 \cdot 4H_2O$）$= 1:6-2x:2x$，分别称取一定质量的 $Li_3C_6H_5O_3 \cdot 4H_2O$、$Mn(CH_3COO)_2 \cdot 4H_2O$ 和 $Ni(CH_3COO)_2 \cdot 4H_2O$ 溶于去离子水中，搅拌至均一，得到溶胶体系（其中，$Li_3C_6H_5O_3 \cdot 4H_2O$ 同时作为反应

的锂源和螯合剂）。

（2）对由步骤（1）制得的溶胶体系进行微波中火（$P=400$ W）加热，得到干凝胶，对干凝胶进行研磨，制得$LiNi_xMn_{2-x}O_4$前驱体粉末。

（3）将步骤（2）制得的$LiMn_2O_4$前驱体粉末置于空气气氛的高温管式炉中，以$5℃/min$的速率升温至$600℃\sim900℃$，并保温10 h，随后以$2℃/min$的降温速率冷却至室温，即得到掺杂型$LiNi_xMn_{2-x}O_4$锂离子电池正极材料。

（二）镍掺杂对 $LiNi_xMn_{2-x}O_4$（$0.1\leqslant x\leqslant0.5$）性能的影响

由于在$LiMn_2O_4$尖晶石框架中立方密堆氧平面间的交替层中，含Mn^{3+}离子与不含Mn^{3+}离子层的分布比例为3∶1，所以Ni最大掺杂量x值不超过0.5。

1. XRD 物相分析

掺杂Ni^{2+}后，$LiNi_xMn_{2-x}O_4$仍然具有纯相尖晶石$LiMn_2O_4$的所有特征峰，且没有杂质衍射峰出现，说明锂离子在该结构中占据四面体8a的位置，镍锰离子占据八面体16d的位置，即原$LiMn_2O_4$晶格中的锰已经被掺杂金属离子Ni^{2+}取代，合成的单元金属离子掺杂型正极材料$LiNi_xMn_{2-x}O_4$具有单一的尖晶石空间构型。

使用 MDI Jade 软件对单元金属离子掺杂型正极材料$LiNi_xMn_{2-x}O_4$（$0.1\leqslant x\leqslant0.5$）的XRD图谱进行计算分析和结构精修，可得到其晶胞结构参数，如表2-2所示。

表2-2　$LiNi_{0.1}Mn_{1.9}O_4$（$0.1\leqslant x\leqslant0.5$）的晶胞结构参数

晶胞结构	空间群	$a/$（Å）	$b/$（Å）	$c/$（Å）	$a/$（Å）	体积/Å³
$LiNi_{0.1}Mn_{1.9}O_4$	$Fd3m$	8.237 5	8.237 5	8.237 5	8.234 83	558.42
$LiNi_{0.2}Mn_{1.8}O_4$	$Fd3m$	8.222 3	8.222 3	8.222 3	8.219 63	555.34
$LiNi_{0.3}Mn_{1.7}O_4$	$Fd3m$	8.205 0	8.205 0	8.205 0	8.203 59	552.09
$LiNi_{0.4}Mn_{1.6}O_4$	$Fd3m$	8.191 2	8.191 2	8.191 2	8.189 74	549.30
$LiNi_{0.5}Mn_{1.5}O_4$	$Fd3m$	8.183 8	8.183 8	8.183 8	8.181 23	547.59

从表中可以看出，随着金属离子 Ni^{2+} 掺杂量的增大，单元金属离子掺杂型正极材料 $LiNi_xMn_{2-x}O_4$（$0.1 \leqslant x \leqslant 0.5$）的晶胞参数 a 逐渐减小，这是由于虽然 Ni^{2+} 径（0.69 Å）大于 Mn^{3+} 离子半径（0.66 Å），但是 Ni—O 的结合能大于 Mn—O 的结合能，且 Ni 具有更强的八面体场择位能，所以掺杂后，其晶胞参数 a 变小而非增大。同时，这将提高合成材料的晶体稳定性，抑制其在充放电过程中的容量衰减，改善其循环稳定性。

2. 电化学性能分析

图 2-5 为单元金属离子掺杂型正极材料 $LiNi_xMn_{2-x}O_4$（$0.1 \leqslant x \leqslant 0.5$）的首次放电曲线。从图中可以看出，随着 Ni^{2+} 掺杂量 x 由 0.1 增大至 0.5，合成样品的首次放电比容量依次减小，$LiNi_{0.1}Mn_{1.9}O_4$、$LiNi_{0.2}Mn_{1.8}O_4$、$LiNi_{0.3}Mn_{1.7}O_4$、$LiNi_{0.4}Mn_{1.6}O_4$、$LiNi_{0.5}Mn_{1.5}O_4$ 的首次放电比容量分别为 115.59 mAh·g^{-1}、84.13 mAh·g^{-1}、56.80 mAh·g^{-1}、30.52 mAh·g^{-1} 和 16.8 mAh·g^{-1}。尖晶石 $LiMn_2O_4$ 中的活性物质为 Mn^{3+}，所以 Mn^{3+} 数量的多少决定着 $LiMn_2O_4$ 正极材料容量的大小。但是，由于大量的掺杂离子 Ni^{2+} 嵌入到尖晶石 $LiMn_2O_4$ 八面体的 16d 位置，取代了部分的 Mn^{3+}，因而造成了充放电过程中材料比容量的损失，且 Ni^{2+} 的掺杂量 x 越大，意味着有更多的 Ni^{2+} 替代 Mn^{3+}，最终，材料的容量损失也就越大。

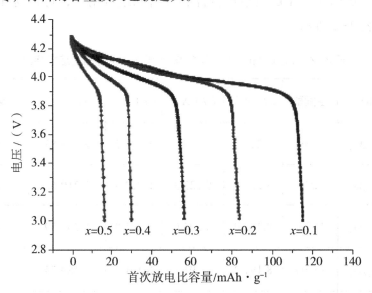

图 2-5　$LiNi_xMn_{2-x}O_4$（$0.1 \leqslant x \leqslant 0.5$）的放电曲线

在不影响电池容量的前提下，适当地增大放电电流可以提高电池的输出功率，即要求当电流密度成倍增大时，锂离子电池正极材料不能有太多的容量损失，这对实现其在电动交通工具上的实际应用具有重要意义，所以对于尖晶石锰酸锂正极材料，还要考查其倍率循环性能的优劣。

图2-6为单元金属离子掺杂型正极材料$LiNi_xMn_{2-x}O_4$（$0.1 \leqslant x \leqslant 0.5$）的倍率循环曲线。从图中可以看出，随着$Ni^{2+}$的掺杂量$x$的增大，$LiNi_xMn_{2-x}O_4$的倍率衰减量呈减小趋势，当$Ni^{2+}$掺杂量$x=0.4$和$x=0.5$时，合成的$LiNi_xMn_{2-x}O_4$正极材料在不同的电流密度下进行循环充放电，其比容量几乎无衰减，单元金属离子掺杂型$LiNi_xMn_{2-x}O_4$（$0.1 \leqslant x \leqslant 0.5$）正极材料均具有优良的倍率循环性能。

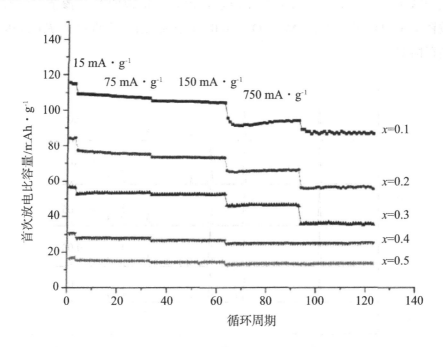

图2-6 $LiNi_xMn_{2-x}O_4$（$0.1 \leqslant x \leqslant 0.5$）的倍率循环曲线

在$I=150$ mA·g^{-1}的电流密度下，$LiNi_{0.1}Mn_{1.9}O_4$、$LiNi_{0.2}Mn_{1.8}O_4$、$LiNi_{0.3}Mn_{1.7}O_4$、$LiNi_{0.4}Mn_{1.6}O_4$、$LiNi_{0.5}Mn_{1.5}O_4$在经历100次放电循环后，其容量保持率均在95%以上。掺杂的Ni^{2+}完全嵌入了尖晶石锰酸锂的晶格中，强$Ni-O$键起到了稳定晶体结构的作用；低价Ni^{2+}的掺杂进入晶格，造成锰平均氧化态的升高，抑制了J-T畸变效应的发生，减小了$LiNi_xMn_{2-x}O_4$在充放电的过程中因随Li^+脱/嵌而发生的形变，避免了容量损失，提高了材料的循环稳定性。

（三）镍掺杂对 $LiNi_xMn_{2-x}O_4$（$0.01 \leqslant x \leqslant 0.1$）性能的影响

从对 $LiNi_xMn_{2-x}O_4$（$0.01 \leqslant x \leqslant 0.1$）的研究可知：大量的掺杂 Ni^{2+} 可以很好地改善材料的循环稳定性，但是这是以牺牲材料容量为代价的。所以，为保证尖晶石锰酸锂的高容量和循环稳定性，掺杂金属离子的量要小。Ni^{2+} 掺杂量 x 为 $0.01 \leqslant x \leqslant 0.1$ 时，掺杂样品 $LiNi_xMn_{2-x}O_4$ 的电化学性能如下所述。

1.XRD 物相分析

图 2-7 为单元金属离子掺杂型正极材料 $LiNi_xMn_{2-x}O_4$（$0.01 \leqslant x \leqslant 0.1$）的 XRD 衍射图谱。从图中可以看出，掺 Ni^{2+} 后样品的衍射峰与纯相尖晶石锰酸锂的特征峰一一对应，且无杂相衍射峰出现。这说明 Ni^{2+} 掺杂并没有破坏锰酸锂的晶型结构，$LiNi_xMn_{2-x}O_4$（$0.01 \leqslant x \leqslant 0.1$）仍保持了 $Fd3m$ 的立方尖晶石构型。

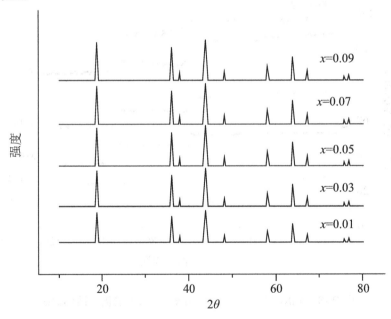

图 2-7 $LiNi_xMn_{2-x}O_4$（$0.01 \leqslant x \leqslant 0.1$）的 XRD 谱图

使用 MDI Jade 软件对 $LiNi_xMn_{2-x}O_4$（$0.01 \leqslant x \leqslant 0.1$）正极材料的 XRD 图谱进行计算分析和结构精修，得到其晶胞结构参数，如表 2-3 所示。

表 2-3　$LiNi_xMn_{2-x}O_4$（$0.01 \leqslant x \leqslant 0.1$）的晶胞结构参数

晶胞结构	空间群	a /Å	b /Å	c /Å	Δa /Å	体积 /Å³
$LiNi_{0.01}Mn_{1.99}O_4$	$Fd3m$	8.235 4	8.235 4	8.235 4	0.012 22	559.02
$LiNi_{0.03}Mn_{1.97}O_4$	$Fd3m$	8.238 3	8.238 3	8.238 3	0.009 32	559.12
$LiNi_{0.05}Mn_{1.95}O_4$	$Fd3m$	8.237 6	8.237 6	8.237 6	0.010 02	558.77
$LiNi_{0.07}Mn_{1.93}O_4$	$Fd3m$	8.237 8	8.237 8	8.237 8	0.009 82	558.67
$LiNi_{0.09}Mn_{1.99}O_4$	$Fd3m$	8.224 6	8.224 6	8.224 6	0.023 02	558.42

由表 2-3 可知，不同量的 Ni^{2+} 掺杂造成了材料在不同程度上的微晶缺陷 Δa（实际晶胞参数与理论晶胞参数 a=8.247 62 之间的绝对差值）。正极材料的微晶缺陷越大，晶格应变越大，晶体结构的完整性就越差，而较大的微晶缺陷会阻碍锂离子在晶体中的扩散，造成容量损失。

2. 电化学性能分析

合成样品 $LiNi_xMn_{2-x}O_4$（$0.01 \leqslant x \leqslant 0.1$）仍能保持平稳的特征放电电压平台（4.15 V 和 3.95 V），$LiNi_{0.01}Mn_{1.99}O_4$、$LiNi_{0.03}Mn_{1.97}O_4$、$LiNi_{0.05}Mn_{1.95}O_4$、$LiNi_{0.07}Mn_{1.93}O_4$ 和 $LiNi_{0.09}Mn_{1.91}O_4$ 的首次放电比容量分别为 117.74 mAh·g⁻¹、133.78 mAh·g⁻¹、120.31 mAh·g⁻¹、129.41 mAh·g⁻¹ 和 108.93 mAh·g⁻¹。合成样品 $LiNi_xMn_{2-x}O_4$（$0.01 \leqslant x \leqslant 0.1$）的首次放电比容量并未随掺杂量 x 的递增出现规律性的递减，而是出现高低变化，这与微量掺杂引发材料晶格畸变，造成载流子传导阻力变大有关。

单元金属离子掺杂型正极材料 $LiNi_xMn_{2-x}O_4$（$0.01 \leqslant x \leqslant 0.1$）的首次放电比容量与其微晶缺陷值 Δa 呈负相关。正极材料 $LiNi_xMn_{2-x}O_4$（$0.01 \leqslant x \leqslant 0.1$）的微晶缺陷越大，$Li^+$ 的传输三维通路受到的破坏越大，因此载流子的传导阻力变大，造成材料的容量不能完全释放。当 x=0.03 时，$LiNi_{0.03}Mn_{1.97}O_4$ 正极材料的微晶缺陷最小（Δa=0.009 32），首次放电比容量最大（C=133.78 mAh·g⁻¹）；当 x=0.09 时，$LiNi_{0.09}Mn_{1.91}O_4$ 正极材料的微晶缺陷值最大（Δa=0.023 02），首次放电比容量最小（C=108.93 mAh·g⁻¹）。

当 $x=0.03$ 时，$LiNi_{0.03}Mn_{1.97}O_4$ 具有最高的起始放电比容量，且随着电流密度的增大，$LiNi_{0.03}Mn_{1.97}O_4$ 容量衰减变小，具有较佳的倍率循环性能。

$I=150\ mA/g$ 电流密度下，在 100 次充放电循环后，$LiNi_{0.01}Mn_{1.99}O_4$、$LiNi_{0.03}Mn_{1.97}O_4$、$LiNi_{0.05}Mn_{1.95}O_4$、$LiNi_{0.07}Mn_{1.93}O_4$ 和 $LiNi_{0.09}Mn_{1.91}O_4$ 的容量保持率分别为 85.87%、90.06%、93.29%、94.65%、95.01%。由于 Ni—O 结合能大于 Mn—O 结合能，且 Ni 具有更强的八面体场择位能，所以 Ni^{2+} 掺杂可以更好地稳定 $LiNi_xMn_{2-x}O_4$ 的立方尖晶石结构，防止其因在反复充放电过程中发生 J—T 畸变效应而引发晶体构型转变，造成容量衰减。因此，随着 Ni^{2+} 掺杂量 x 的增加，更多的 Ni^{2+} 嵌入尖晶石的八面体晶格中，$LiNi_xMn_{2-x}O_4$ 的晶体稳定性更高，因而具有更好的充放电循环稳定性。

第四节　废旧锂离子电池正极材料的回收再利用

一、废旧锂离子电池的危害性

相对于铅酸电池和镍镉电池，锂离子电池中不含毒害大的重金属元素铬、汞、铅等，被认定为绿色能源，对环境的污染相对较小，也是我国政府提倡的新能源产品，但废旧锂离子电池中的正负极材料和电解液等会对环境和人类健康严重影响。美国已经将锂离子电池归为具有易燃性、浸出毒性、腐蚀性、反应性的有毒有害性电池。如果将锂离子电池随意丢弃，其中含有的铜、钴、镍、锂、铝等金属以及电解液、有机溶剂和电池循环过程中产生的副产物都将对环境造成污染。例如，电解液中的 $LiPF_6$ 有强腐蚀性，遇水会分解产生腐蚀性的 HF，燃烧时会产生 P_2O_5。电解液中有机溶剂碳酸乙烯酯、碳酸甲乙酯等在自然界中难以降解，自身水解过程中会产生甲酸、甲醇以及二甲氧基乙烷等对水源、大气和土壤造成严重污染的有毒有害物质。而废旧锂离子电池中的重金属有些具有累积效应，进入食物链之后将严重危害人类健康。表 2-4 是目前工业化生产的锂离子电池主要成分的化学特性和潜在的危害性。只有对废旧锂离子电池的有毒有害物质进行合理安全的处置，才能确保人民的生命安全和生态环境的可持序发展。

表 2-4 锂离子电池主要成分的化学特性和潜在的危害性

材料种类	材料名称	化学性质	潜在危害
正极材料	钴酸锂	与水、酸或氧化剂发生强烈反应；燃烧或受热分解产生有毒的锂、钴氧化物	重金属钴污染，使环境 pH 升高
	锰酸锂	与有机溶剂以及还原剂或者强氧化剂（双氧水、高氯酸等）都能反应，产生有毒物质	重金属锰污染，使环境 pH 升高
	镍钴锰酸锂	与水、酸或者强氧化剂反应，受热分解产生有毒的锂、钴、镍等氧化物	重金属镍、钴、锰污染，使环境 pH 升高
电解液	$LiPF_6$	强腐蚀性，遇水分解产生 HF，与强氧化剂发生反应，燃烧产生 P_2O_5 等	氟污染
	碳酸乙烯酯	与酸、碱、强氧化剂、还原剂发生反应，水解产物产生醛和酸，燃烧可产生 CO、CO_2	醛、有机酸污染
有机溶剂	碳酸丙烯酯	与水、空气、强氧化剂反应，燃烧产生 CO、CO_2，受热分解会产生醛和酮等有害气体，引燃可引起爆炸	醛、酮有机物污染
	二甲基碳酸酯	与水、强氧化剂、强酸、强碱和强还原物质发生剧烈反应，水解可生成甲醇，燃烧产生 CO、CO_2	甲醇等有机物污染
	二乙基碳酸酯	与水、强氧化剂、强酸、强碱和强还原物质发生剧烈反应，燃烧产生 CO、CO_2	醇等有机污染

二、废旧三元锂电池正极材料的回收技术

废旧三元锂离子电池回收技术的主要方法和过程如图 2-8 所示，包括预处理、高温冶金、湿法冶金、正极材料再生等技术。

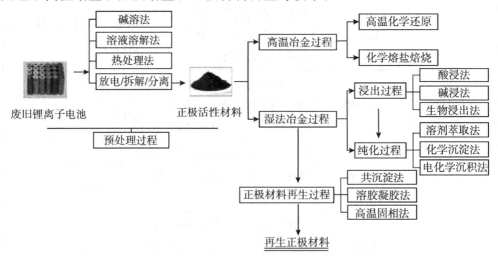

图 2-8　废旧锂电池处理过程与方法

（一）预处理过程

废旧三元锂离子电池的组成复杂，为了提高物料的有效回收率，可采用预处理工艺来获得不同的物料流，确保正极活性材料的有效分离以进行进一步处理。一般情况下，预处理过程包括以下步骤：放电、拆除、分离，以及正极活性材料的分离。正极材料回收的首要问题是如何从铝集流器中分离出正极材料，常见的三种方法为碱溶液解法、溶剂溶解法、热处理法。

1.碱熔液解法

碱溶液解法指的是正极活性材料不与碱发生反应，而铝箔溶于碱液中。基于此，采用氢氧化钠（NaOH）将废旧三元锂离子电池的正极集流体铝箔溶解，实现铝箔和正极活性物质的分离。可以采用 NaOH 对正极活性材料与铝箔进行分离，铝的溶解率随 NaOH 浓度（1% ～ 15%（w/w））的增大而增大，但当浓度超过 10%（w/w），溶液中会析出白色沉淀，故最佳的 NaOH 浓度为 10%（w/w）。铝箔溶解在 NaOH 中发生的反应如下式所示：

$$2Al(s) + 2NaOH(aq) + 6H_2O \rightarrow 2Na\left[Al(OH)_4\right](aq) + 3H_2(g)$$

用 NaOH 对铝箔进行溶解，可避免在接下来的分离步骤中引入 Al^{3+}。当

液固比为 10 ∶ 1、NaOH 的量为 5%（质量分数）、时间为 4 h 时，在室温下铝的溶解率为 99.9%，可达到较好的分离效果。

碱溶法分离效率最高达 100%，其分离效率高、操作简单，但强碱易对设备造成腐蚀，对设备的要求较高。

2. 溶剂溶解法

溶剂溶解法利用较强极性的有机溶剂溶解电池中黏结剂聚偏氟乙烯（PVDF），通常采用 N-甲基吡咯烷酮（NMP）、N-二甲基乙酰胺（DMAC）、N-二甲基甲酰胺（DMF）、二甲基亚砜（DMSO）等将正极活性材料从铝箔中分离出来，其中最常用的有机溶剂是 NMP。将电极浸入 NMP 中在 100 ℃溶解 60 min，正极活性材料很容易从铝箔中脱落。另外，还可使用超声波辅助溶解过程，将正极材料浸入 NMP 中，在室温下超声 3 min 来分离铝集流体上正极活性物质，分离效率可达到 99%。不同溶剂对正极材料的分离效率不同，一般来说，NMP > DMAC > DMF > DMSO >乙醇。在温度为 70 ℃、240W 超声功率和 90 min 超声波处理条件下，铝箔与正极材料在 NMP 作用下的分离率达到 99%，且铝以金属形式回收，纯度较高。在超声处理下，采用 NMP 分离铝箔和正极活性物质的方法是非常有效的，但有机溶剂不能去除所有的杂质，回收的正极活性材料需要进一步煅烧才能燃烧掉碳、PVDF 等残留物，且有机溶剂价格昂贵，因此不适合大规模的回收处理。

3. 热处理法

热处理法是利用有机黏结剂的热分解来降低涂层活性材料颗粒的黏聚力，去除正极材料中的碳和 PVDF 黏结剂，有效地将正极活性材料从铝箔中分离出来的方法，其优点在于操作简单方便。在高纯度氮环境下对正极材料进行热处理可提高有价金属的整体回收效率，通过控制热分解温度去除黏结剂和碳质导体，在 600 ℃下加热 15 min 后，可使铝箔与活性物质完全分离。此外，热处理工艺可改变正极材料的分子结构，降低正极材料中过渡金属离子的电荷，有利于后续浸出过程回收有价金属。另外，还可采用真空热解的方法预处理废旧正极材料，当体系压强低于 1 kPa，在 600 ℃下热解 30 min 时，有机黏结剂基本除去，正极活性物质大部分从铝箔上脱落分离，铝箔保持完好。然而，热处理法存在能耗高且会排放有毒有害气体的缺点，因此有必要安装专门的设备来净化燃烧产生的气体和烟雾。

（二）高温冶金过程

高温冶金过程一般指通过高温热还原、热分解及真空冶金技术将废旧锂离子电池中的金属分离回收，具有有价元素化学转化率高、回收流程短的优点，易于实现工业应用，相关技术已得到广泛研究。

在预处理后的镍钴锰酸锂（NCM）中加入 CaO、SiO_2、锰矿和一些 Al 壳，可得到一种新的 $MnO-SiO_2-Al_2O_3$ 渣系。将混合料加热至 1475℃，维持 30 min，可得到含 Co（99.03%）、Ni（99.30%）、Cu（99.30%）、MnO（47.03%）和 Li_2O（2.63%）富集渣的高纯度合金。另外，还可利用电弧炉选择高温冶金处理技术，同时从废旧锂离子电池中回收钴和锂，可以将废旧锂电池的材料组分转化为钴合金和含锂精矿。此外，还可以得到铁镍馏分、铝馏分、铜馏分等其他材料馏分。

在典型的高温冶金过程中，锂最终会进入渣相，需要进一步提取。碳热还原法作为一种回收锂等金属的高温冶金方法近年来备受关注。NCM 碳还原焙烧工艺能实现锂的选择性回收，焙烧产物为 Li_2CO_3、MnO、NiO、Ni 和 Co。最佳焙烧条件为焙烧温度为 650℃，焦炭用量为 10%，焙烧时间为 30 min。焙烧产物进行后续处理优先回收锂后再对其他金属进行回收，焙烧过程反应式如下：

$$12LiNi_{1/3}Co_{1/3}Mn_{1/3}O_2 + 7C = 6Li_2CO_3 + 4Ni + 4Co + 4MnO + CO_2(g)$$

无任何添加剂回收废旧锂离子电池中有价金属的环保工艺近年来备受关注。在 973 K 条件下，将三元正极活性物质真空热解 30 min，由于氧骨架的坍塌，锂以 Li_2CO_3 的形式释放出来，正极活性材料原位转化为 Li_2CO_3 和过渡金属氧化物，锂的最大回收率为 81.90%。

高温冶金技术目前面临着损耗大、能耗高、易产生有害气体和对处理设备的要求严格的问题，因此未来需要采用回收率更高、能耗更低、环境危害更小的方法替代回收工艺来处理废旧锂离子电池。

（三）湿法冶金过程

湿法冶金方法是回收三元锂离子电池最主要的方法。它包括浸出及纯化过程（如溶剂萃取、化学沉淀、电化学沉积等），因其有价金属回收率高、污染小、易控制等优点而被广泛应用。

1.浸出过程

浸出过程主要有酸浸法和碱浸法两种。

（1）酸浸法。正极活性材料可采用 HCl、H_2SO_4、HNO_3、H_3PO_4 等无机浸出剂和柠檬酸、草酸、甲酸等有机浸出剂进行浸出。酸浸法具有回收效率高、反应能耗低、反应速度快等特点，在三元锂离子电池回收过程中得到了广泛的应用。以正极材料 $LiNi_{0.5}Co_{0.2}Mn_{0.3}O_2$ 为原料，以 $H_2SO_4+H_2O_2$ 为浸出体系回收有价金属，金属 Li、Ni、Co 和 Mn 的浸出率均超过 98.5%。

近年来，一些研究人员利用天然有机酸作为浸出剂，与无机酸浸法相比，在保证金属元素浸出率的同时，避免了有毒气体对环境的不良影响，其浸出过程更环保。常用的有机酸包括柠檬酸、苹果酸、草酸、酒石酸等。例如，以酒石酸和 H_2O_2 为浸出剂，对废旧 NCM 正极材料进行浸出，在优化条件下，Mn、Li、Co 和 Ni 浸出效率高达 99.9% 以上；以苹果酸、H_2O_2 为作为浸出剂和还原剂可实现 Li、Ni、Co、Mn 的高效浸出，同时苹果酸还可以作为后续反应的螯合剂；以柠檬酸和葡萄糖为浸出剂对废旧 NCM 正极材料进行浸出，可实现有价金属的高效浸出。此酸浸过程反应式如下.

$$6LiNi_{1/3}Co_{1/3}Mn_{1/3}O_2 + 6H_3Cit + 3H_2O_2 = 6Li^+ + 2Ni^{2+} + $$
$$2Co^{2+} + 2Mn^{2+} + 6Cit^{3-} + 12H_2O + 3O_2$$

酸浸法因有机酸反应温和、绿色环保且浸出率高等优势而引起了广泛的关注和研究，但有机酸浸出只能在低固液比条件下进行，降低了渗滤液中 Li^+ 的浓度，限制了工业生产的处理能力，同时其处理成本较高，因此尚未实现工业应用。

（2）碱浸法。有效回收金属的难点之一是从复杂溶液中分离出不同的金属，酸浸法不加选择地浸出行为会增加后期金属分离成本。近年来，氨浸因在理想金属（Li、Ni、Co）和不理想金属（Al、Fe、Mn）之间的选择性浸出特性而受到广泛关注。氨浸依赖于与氨络合能力较强的过渡金属 Li、Ni、Co 的热力学可行性。而回收价值低的金属，如 Mn、Fe 和 Al，由于它们与氨的络合能力差，不容易浸出。此外，氨作为浸出剂可以回收利用，在相对较低（或中等）温度下可以形成稳定的金属—氨络合物。

可用氨水（$NH_3 \cdot H_2O$）、亚硫酸铵（NH_4HSO_3）、碳酸氢铵（NH_4HCO_3）三元浸出体系可对 Li、Ni、Co、Cu、Al 进行浸出，其中 NH_4HCO_3 作为提高 Li、Ni、Co 浸出效率的还原剂，NH_4HCO_3 在氨溶液中起缓冲作用。浸出体系的最佳条件为 1.5 mol/L $NH_3 \cdot H_2O$、1 mol/L NH_4HSO_3 和 1mol/L NH_4HCO_3，浸出时间为 180 min，温度为 60℃，在此条件下，Ni、Cu 几乎完全浸出，Li（60.53%）和 Co（80.99%）浸出率适中。类似地，还可采用 $NH_3 \cdot H_2O$、$(NH_4)_2CO_3$、NH_4HSO_3 为浸出剂对三元正极材料进行浸出，采用最佳配比的浸出剂可充分浸出 Co、Cu，而 Mn、Al 几乎不浸出，Ni 浸出率适中。通过氨化浸出选择性回收 Co，降低氢氧化钠成本、提高浸出液的 pH，又消除了 Mn 和 Al 的分离步骤。

氨浸法因具有选择性浸出特性而受到关注，但仍然面临着 Ni、Co 和 Li 的回收及氨介质回收和亚硫酸盐产生的硫酸盐废水额外排放等难题。

2. 溶剂萃取法

正极活性物质经浸出后，Li、Ni、Co、Mn、Cu、Al 和 Fe 等有价值的金属进入浸出液。为了从复杂溶液中分离出有价金属，可采取溶剂萃取、化学沉淀和电化学沉积等多种方法。溶剂萃取法由于萃取剂对不同金属离子的选择性高，已广泛应用于浸出液中金属的回收和分离，可快速、高效地分离浸出液中的有价金属。目前为止，常见的萃取剂有二（2-乙基己基）磷酸（D2EHPA）、二（2，4，4-三甲基戊基）膦酸（Cyanex272）、三辛胺（TOA）和 2-乙基己基膦酸单 -2- 乙基己基酯（PC-88A）。

例如，以 Cyanex 272 为萃取剂，对 Co 和 Ni 进行选择性提取，得到纯 Li 萃余液，其在分离步骤中作为纯产物分离，随后再选择性分离和纯化 Co 和 Ni，其中溶液中 Li 和 Co 的回收率可达 99.9%。

与单一萃取剂溶剂萃取法相比，两种或两种以上萃取剂的混合萃取法常被用于提高金属在萃取过程中的选择性。例如，采用溶剂 D2EHPA 和 PC-88A 萃取剂从主要含有 Co、Ni、Mn 和 Cu 的 LIBs 浸出液中两步萃取法回收 Co，先采用 D2EHPA 萃取剂在 pH 分别为 2.7 和 2.6 时去除 Mn 和 Cu，随后 PC-88A 在 pH 为 4.25 的条件下对浸出液进行进一步的萃取，使 Co 和 Ni 得到有效分离，最后用草酸对钴离子进行分离得到 CoC_2O_4。

溶剂萃取具有能耗低、分离效果好、操作条件简单等优点。然而，萃取剂价格昂贵且步骤复杂，一定程度上会增加回收工业的处理成本。

3. 化学沉淀法

在浸出液中加入 OH^-、$C_2O_4^{2-}$ 和 CO_3^{2-} 等特殊阴离子时，溶液中的有价金属会与阴离子结合形成沉淀物。因此，通常采用化学沉淀法根据析出物的溶度积控制离子浓度，将有价金属从废 NCM 浸出液中析出分离。

例如，可采用草酸沉淀法从浸出液中以 $CoC_2O_4 \cdot 2H_2O$ 的形式回收 96% 的 Co，随后分别在 pH 为 7.5 和 9.0 时，以碳酸盐形式回收 Mn 和 Ni，最后在滤液中加入 Na_2CO_3 溶液析出纯度为 98% 的 Li_2CO_3，以碳酸盐和草酸盐的形式实现 Li、Co、Mn 和 Ni 的高纯度回收。然而，浸出液的组成非常复杂，很难用单一的方法分离出所有有价值的金属。因此，有必要使用两种或两种以上的方法从浸出溶液中分离出有价值的金属。

化学沉淀法具有成本低和能耗低的优点，但从复杂溶液中分离和回收的金属纯度不高，难以完全将各金属分离。

4. 电化学沉积法

电化学沉积是一种利用溶液中金属电极电位差来选择性分离金属的有效方法。由于 Co、Mn 和 Cu 在标准氧化还原电位上的差异，采用电化学方法对其进行浸出和分离是可行的，且其不损失其他金属离子（Co、Mn 和 Li），不需要任何额外的化学物质来回收。

例如，可采用电化学浸出法和电沉积法回收废旧三元锂离子电池正极材料中的 Cu、Co 和 Mn 金属，Cu 与其他金属一起从阳极室溶解，在酸性环境下选择性地沉积在正极处，去除铝后，在电流密度为 200 A/m²、pH=2 ~ 2.5、温度为 90℃ 条件下从浸出液回收金属 Co 和电解二氧化锰，Co 通过还原沉积在阴极，而 Mn 在阳极氧化形成电解二氧化锰（EMD），Co、Cu 和 Mn 的总回收率分别在 96%、97% 和 99% 以上，同时得到的 Co 金属、Cu 金属、MnO_2（EMD）等产品纯度分别为 99.2%、99.5% 和 96%。该过程清洁环保，容易控制和执行，适合于工业化生产且具有商业价值。

电化学沉积法可获得纯度较高的金属，不需要引入其他物质来避免杂质，但在这个过程中存在能耗高、影响因素多、条件难以控制等缺点。

（四）正极材料再生过程

传统的分离提取技术，如溶剂萃取、化学沉淀、电沉积等，都是将金属以单质或者化合物的形式进行回收利用。但由于回收路线复杂、化学试剂消耗高、废物排放量大等缺点，在工业生产中应用往往不具有经济性。因此，研究短而有效的废旧三元锂离子电池回收途径是很有必要的。为了缩短路线，避免金属离子相互分离，提高有价金属的回收效率，近年来研究了从浸出液一步制备再生材料的合成方法，主要是利用共沉淀法、溶胶凝胶法和高温固相法等技术短流程合成再生三元正极材料。

1. 共沉淀法

为了避免金属离子分别回收，可加入氢氧化物和碳酸盐作为共沉淀剂，以 $NH_3 \cdot H_2O$ 作螯合剂得到三元材料前驱体，后经混锂、煅烧制备新的三元正极材料。共沉淀法的优点在于制备的正极材料的化学成分粒度小而且分布均匀，是制备三元材料最常用的方法之一。但影响共沉淀法的因素众多，对条件控制的要求较高，且易产生其他的共沉淀物质。

例如，可采用一种基于共萃取共沉淀法提取过渡金属及正极材料再合成的新工艺。具体做法如下：先采用 D2EHPA 萃取剂分离 Li 并萃取出 Mn、Co 和 Ni，以萃取液为原料调整溶液离子比后采用共沉淀法在 pH 为 8 的条件下生成三元前驱体，混锂后在 850℃ 下煅烧 10 h 生成正极材料 $LiNi_{1/3}Co_{1/3}Mn_{1/3}O_2$。元素分析表明，再生正极材料中所含的主要元素和杂质均符合 $LiNi_{1/3}Co_{1/3}Mn_{1/3}O_2$ 的生产标准；电化学测试表明，再生正极材料具有良好的循环性能，其初始放电容量可达 160.2 mAh $\cdot$ g^{-1}，库仑效率为 99.8%。

加入氢氧化物作为共沉淀剂时，产生的 Mn（OH）$_2$ 中的 Mn^{2+} 易被氧化成 Mn^{3+} 和 Mn^{4+}，这将对新制备的三元正极材料的电化学性能产生影响，而 $MnCO_3$ 较为稳定，所以形成碳酸盐沉淀可避免 Mn^{2+} 被氧化。具体实现方式如下：先将正极材料酸浸溶解，将浸出液镍钴锰的物质的量比调整为 1：1：1，将浸出液（1.8 mol/L）、Na_2CO_3（1.8 mol/L）和一定量的 $NH_3 \cdot H_2O$ 同时泵入共沉淀反应器，反应溶液的 pH 维持在 7.5，在 60℃ 下反应 12 h 得到 $LiNi_{1/3}Co_{1/3}Mn_{1/3}CO_3$，洗涤干燥后将其在空气中 500℃ 下煅烧 5 h，得到 $(Ni_{1/3}Co_{1/3}-Mn_{1/3})_3O_4$ 中间产物，其后混锂煅烧得到再生的 $LiNi_{1/3}Co_{1/3}Mn_{1/3}O_2$。该再生正极材料具有有序的层状结构、优异的循环性能和倍率性能。

2. 溶胶凝胶法

溶胶凝胶法以有价金属浸出液为原料，加入柠檬酸、乳酸和苹果酸等有机酸作为螯合剂，控制适宜的反应条件进行水解、缩合化学反应，在溶液中形成稳定的透明溶胶体系，溶胶经陈化胶粒间缓慢聚合形成凝胶，凝胶经过干燥、烧结固化制备出三元正极材料。

首先，可以采用柠檬酸和过氧化氢对正极材料进行浸出，所得浸出液中的柠檬酸可作为溶胶凝胶法的螯合剂，加入相应的乙酸盐调整 Li：Co：Ni：Mn 的物质的量比为 3.15：1：1：1，调整总金属离子与螯合剂的物质的量比为 2 ： 1，将溶液在 80℃下保持 6 h 制备非晶态凝胶前驱体，随后在 450℃下煅烧 5 h、900℃煅烧 12 h 制备 $LiNi_{1/3}Co_{1/3}Mn_{1/3}O_2$ 材料。$0.2C$ 时，再合成材料的初始放电容量（152.8 mAh·g^{-1}）高于直接由纯化学物质合成的材料（149.8 mAh·g^{-1}），循环 160 次后，其分别为 140.7 mAh·g^{-1} 和 121.2 mAh·g^{-1}，此时新合成正极材料具有良好的电化学性能。

其次，苹果酸也是较好的浸出剂和络合剂，以 D，L- 苹果酸为浸出剂和螯合剂，通过调整浸出液的金属离子比、pH 和溶胶凝胶过程再生锂离子电池正极材料 $LiNi_{1/3}Co_{1/3}Mn_{1/3}O_2$，再生材料的初始充放电容量分别为 152.9 mAh·g^{-1} 和 147.2 mAh·g^{-1}（2.75～4.25 V，$0.2C$）。在第 100 个循环时，容量保持在初始值（2.75～4.25 V，$0.5C$）的 95.06%，再生 $LiNi_{1/3}Co_{1/3}Mn_{1/3}O_2$ 具有良好的电化学性能。

溶胶凝胶法可以实现正极材料分子水平上的均匀混合，反应可以在较低温度下进行，但整个溶胶凝胶过程所需的时间较长，常需要几天且重复性较差，消耗的有机溶剂多，成本高，不利于工业大规模生产。

3. 高温固相法

采用共沉淀法和溶胶凝胶法再生的正极材料表现出较高的电化学性能，但在制备过程中的工艺复杂且会产生重金属残留和废水，造成二次污染，因此可以采用无水技术代替化学溶解法进行再生。高温固相法就是一种更环保、更经济的改进技术。

首先，可以采用机械化学活化和固相烧结方法结合直接再生废 NCM 正极材料的方法，采用焙烧法将 PVDF 和乙炔黑去除并分离出废正极材料粉末。对添加 Na_2CO_3 的正极粉末进行强化球磨，然后将混合物煅烧得到再生正极材料。在 Li/ 总金属离子比为 1.20/1 800℃下再生 NCM 材料表现出最佳的电化学性能，在 $0.2C$ 时，第一个循环的放电容量可达 165 mAh·g^{-1}，100 次循环后可保持 80% 以上的放电容量。该工艺在不引入杂质的情况下，恢复了废旧 NCM 材料的层状结构，并对制备的正极材料的电化学性能进行了改善。

其次，还可将废 $LiNi_{0.5}Co_{0.2}Mn_{0.3}O_2$ 正极材料在 400℃下加热 6 h 去除乙炔炭黑，以（Ni+Co+Mn）：Li=1 ： 1.05 的物质的量比加入适量的乙酸锂充分混合，再经 500℃烧结 5 h、900℃烧结 12 h 得到再生 $LiNi_{0.5}Co_{0.2}Mn_{0.3}O_2$ 正极材料。材料晶格中丢失的锂离子通过添加锂得到补充，同时颗粒表面的污物基本去除，再生过程中裂纹和破碎颗粒消失。通过此方法，再生材料的性能有了显著提高，0.1C 时的放电容量为 164.6 mAh · g^{-1}，1C 时的放电容量为 147 mAh · g^{-1}。材料在 1C 条件下循环 100 次后，仍有 131 mAh · g^{-1} 的放电容量，容量保留率为 89.12%。

第三章　高性能锂离子电池负极材料

第一节　锂离子电池负极材料概述

一、锂离子电池负极材料的特征

负极材料作为重要的锂离子电池材料，其性能直接影响着锂离子电池的能量密度和功率密度，因此开发出高比容量的、稳定的负极材料十分重要。发展高比容量锂离子电池的关键在于制备能够可逆嵌入和脱嵌锂离子的负极材料，这类材料应满足以下要求：

（1）锂离子在负极材料中的嵌入氧化还原电位尽可能低，接近金属锂的电位，从而使电池的输出电压高一点。

（2）在锂离子电池负极材料中，大量的锂能够尽可能多地在主体材料中可逆地脱嵌，以得到高能量密度负极材料。

（3）在整个嵌入／脱嵌过程中，主体结构没有或很少发生变化，以确保良好的循环性能。

（4）氧化还原电位随锂离子嵌入量的变化尽可能低，这样电池的电压不会发生显著变化，可保持较平稳的充电和放电。

（5）嵌入化合物有良好的电子电导率和离子电导率以及较大的锂离子扩散系数，这样可以减少极化，并能进行大电流充放电。

（6）主体材料具有良好的热力学稳定性和表面结构，能够与液体电解质形成良好的固体电解质界面（solid electrolyte interface，SEI）膜，在形成 SEI

膜后应具有良好的化学稳定性，在整个电压范围内不与电解质等发生反应。

（7）从实用角度来看，负极材料应该具有价格便宜、资源丰富、对环境无污染、制备工艺尽可能简单等特点。

目前，商业化的负极材料为石墨，但石墨的理论比容量只有 372 mAh·g^{-1}，这会严重影响锂离子电池的能量密度，因此开发新的负极材料受到了人们越来越多的关注。研究较多的锂离子电池负极材料主要有硅基负极材料、锡基负极材料、碳负极材料以及过渡金属氧化物负极材料等。

二、负极材料的分类

（一）硅基负极材料

硅基负极材料是以单质硅及硅氧化物为主体，通过金属掺杂或碳元素包裹等方法对其进行改性的一类复合材料。由于硅与锂可以形成多种化学计量比的化合物（如 Li_3Si_4、Li_2Si_7 等），因此用硅作为锂离子电池负极材料的理论比容量非常大（4 200 mAh·g^{-1}）。

此外，在充放电过程中，硅基负极材料很少团聚，电池安全性较高。与碳负极材料相比，其放电平台较高。因此，在锂离子电池负极材料领域，硅基负极材料有可能取代碳负极材料成为主要的负极材料，有着广阔的市场前景。

然而硅基负极材料存在的主要问题是单质硅嵌入 Li^+ 后体积会膨胀，极易致使硅晶体脆性粉化，硅的晶体结构坍塌而导致电池循环性能低，限制了硅基负极材料的发展。为了提高硅基负极材料的导电性和循环稳定性，通常采用纳米化、掺杂、表面包覆等措施合成硅基复合材料，以改善硅基负极材料的电化学性能。

（二）锡基负极材料

与硅处于同一主族的锡也能够通过合金化反应，形成 Li_xSn_y 合金达到储锂的效果。锡的最高比容量为 994 mAh·g^{-1}，即一个 Sn 与 4.4 个 Li 结合形成 $Li_{4.4}Sn$。除了单质金属锡外，锡氧化物也有储锂的功能。锡氧化物主要是 SnO 和 SnO_2，理论比容量分别为 875 mAh·g^{-1} 和 782 mAh·g^{-1}，也是比较有前景的锂离子电池负极材料之一。

锡基负极材料与硅基负极材料面临同样的问题，在 Li^+ 的嵌入 / 脱嵌过程中，锡基负极材料也会发生巨大的体积变化。同时 Li_xSn_y 合金的脆性非常大，这在充放电过程中极易造成粉末化。体积膨胀和材料粉末化都会给锡基负极材料的结构造成严重的破坏，最终结果是使锂离子电池容量迅速衰减，电池循环性能变差。因此，保持锡的结构稳定、减缓体积膨胀是提高锡基负极材料电化学性能的关键环节。

改善锡基负极材料的主要措施如下：

（1）合成纳米级的锡基负极材料能够有效降低材料在充放电过程中的体积膨胀。

（2）对锡基负极材料进行金属掺杂形成锡基合金或锡复合氧化物。合金中的掺杂金属是非活性成分，起到分散 Sn、减少团聚和减缓体积膨胀的作用，从而提高电池的循环性能。通常与 Sn 单质掺杂的金属元素有 Fe、Cu、Ni、Co、Sb、Se 等；与 Sn 氧化物掺杂的元素有 Fe、Al、Ti、Mn、Ge 等。

（3）锡基负极材料中掺杂碳元素形成 Sn-C 复合材料。锡基材料表面包覆形成 Sn/CNT 核壳结构材料。碳的引入能够有效地将锡基负极材料分散开，减小材料的体积膨胀，提高循环性能，还能够提高材料的电子传导性能。

表 3-1 为锂离子电池负极材料的优缺点比较。目前，锂离子电池负极材料的研究工作主要集中在碳材料和具有特殊结构的其他金属氧化物。具有尖晶石结构的钛酸锂（$Li_4Ti_5O_{12}$）在脱、嵌锂过程中体积基本无变化，为零应变材料，循环性能好，并且其电极电位较高，在充放电过程中不易形成锂枝晶，安全性高。此外，钛酸锂的锂离子扩散系数较高（$2 \times 10^{-8} \ cm^2 \cdot s^{-1}$），可快速进行充放电。然而，钛酸锂的电子电导率低，导电性很差，这些缺点限制了钛酸锂材料在锂离子电池上的应用。通过改性来提高钛酸锂材料的电导率，降低钛酸锂的电极电位，已成为锂离子电池领域的研究热点之一。目前，钛酸锂的改性研究主要有碳包覆／复合改性、离子掺杂改性及金属复合改性等。

表 3-1 锂离子电池负极材料优缺点的比较

负极材料	优 点	缺 点
碳	电化学储能优异，充电速度快	比容量低
合金材料 Si、Sn 等	比容量高	首效低，体积变化大

（三）碳负极材料

碳是研究和使用最为广泛的锂离子电池负极材料。碳负极材料可以分为石墨化碳（天石墨、人工石墨）、非石墨化碳（硬碳、软碳）和新型碳材料（碳纳米管、石墨烯、多孔碳）。碳负极材料锂离子嵌入电位低、循环性能好、电导性好、资源丰富、价格便宜，已经实现商业化生产并得到了广泛应用。

1.石墨化碳

石墨化碳具有规整的层状结构，碳层内部的碳原子以 sp^2 矿杂化形式排列，碳层之间以范德华力结合，碳层间的间隙为 0.354 nm。石墨作为负极材料具有导电性好、结晶度高、充放电电压较低（ 0 ～ 0.25 V ）、充放电平台稳定等优点。但是，石墨的理论比容量不高（ 372 mAh · g^{-1} ），由于首次充电形成的 SEI 膜不稳定，石墨容易逐层脱落，从而影响电池的性能。

为了克服上述问题，需要对石墨进行人工改性。人工石墨是将石墨在氮气下经过 1 900℃～ 2 800℃高温处理，最常用的人工石墨是中间相碳微球（ MCMB ）。MCMB 为球形，比表面积小，能够减少首次充电的容量损失。Li^+ 可以从各个方向嵌入，提高了 Li^+ 的传导性能，在一定程度上减少了片层脱落的问题。MCMB 的循环性能好，但比容量低（ 300 mAh · g^{-1} ），生产成本较高。

2.非石墨化碳

非石墨化碳因为其材料内部呈现出短程有序、长程无序且整体上没有规整的品格结构，且碳原子既存在 sp^2 杂化，也存在 sp^3 杂化，所以又称为无定形碳。根据材料的石墨化温度可分为软碳和硬碳。在 2 500℃以下能够石墨化的无定形碳是软碳；在 2 500℃以上仍不能够石墨化的无定形碳是硬碳。

锂离子电池负极材料中常用的软碳主要有焦炭、碳纤维和石油焦等。石墨化软碳的结构也呈现层状晶面，但是结晶化程度低，晶面存在缺陷且晶面间距大，晶体粒子的尺寸较小。软碳的嵌锂比容量较高，但是其输出电压低，首次充放电不可逆容量大。

相较于软碳，硬碳的结晶化程度更低，晶面结构上存在大量的缺陷。充电过程中，除了碳层间可以储存 Li^+ 外，缺陷空位也可以储存 Li^+，因此硬碳的容量要大于石墨的理论比容量。此外，大量缺陷空位的存在为 Li^+ 的扩散提供了很好的通道，所以硬碳材料的 Li^+ 扩散性更好。比如，华中科技大学王得丽课题组以细菌纤维素为碳源前驱体，用原位生长聚吡咯合成的三维网络结构碳纳米纤维作为锂离子电池负极材料表现出良好的储锂性能。

3.新型碳材料

碳纳米管作为负极材料具有理论比容量高、电导率高、Li^+ 传导率高的优点，但形成的 SEI 膜较厚，存在首次充放电的库伦效率低、能量密度低等问题。

石墨烯作为锂离子电池负极材料具有较高的导电性能、良好的导热性能以及优异的储锂性能，在锂离子电池研究和开发领域具有非常大的潜力。但石墨烯的不可逆容量大、库伦效率低，限制了其作为锂离子电池负极材料的商业化生产。

由于碳纳米管、石墨烯作为锂离子电池负极材料还存在一些问题，所以目前碳纳米管、石墨烯主要用作负极材料的导电添加剂、金属氧化物的载体形成复合材料以获得电化学性能更好的负极材料。

第二节　高性能硅基负极材料的性能及应用

硅在自然界中的储量非常丰富（在地壳中的质量含量为 26.4%，仅次于氧），随着硅的提纯加工技术日趋成熟，其作为半导体材料已经被广泛应用于芯片、记忆材料、电子材料和太阳能光电板等领域。在锂离子电池负极材料应用方面，硅被认为是最有潜力的新一代高容量锂离子电池负极材料。

硅基负极材料是已知的容量最高的负极材料。常温下能够稳定存在的 Li-Si 合金有 $Li_{12}Si_7$、$Li_{14}Si_6$、$Li_{13}Si_4$ 和 $Li_{22}Si_5$ 等。按照最大储锂量计算，硅的理论容量高达 4 200 mAh·g^{-1}，并且硅嵌脱锂离子的电势很低，为 0 ~ 0.4 V，非常适宜做锂离子电池的负极材料。一般情况下，硅负极的首次脱锂容量能够达到 3 000 mAh·g^{-1} 以上，但可逆性不好。随着循环的进行，容量衰减很快，循环 5 次以后，容量仅 500 mAh·g^{-1}。其主要原因是硅材料在嵌脱锂离子的过程中体积变化很大。以立方晶体 $Li_{22}Si_4$ 为例，单个硅原子的体积约 $82.4×10^{-30}$ m^3，而立方晶体硅中单个硅原子的体积约 $20×10^{-30}$ m^3，可以看出硅材料在嵌入锂离子后体积膨胀超过 4 倍。当锂离子脱出时，体积又剧烈减小。体积的剧烈膨胀 / 缩小容易导致硅晶体结构的破坏，活性物质同集流体接触性变差，电导性因此降低，可逆容量剧烈衰减。

如何克服硅负极在嵌脱锂离子过程中巨大的体积改变成为摆在全世界科学家面前的巨大难题。

一、硅的纳米化

（一）硅纳米颗粒

硅纳米颗粒具有巨大的比表面，能够在一定程度上抑制锂离子嵌入引起的体积膨胀，但是由于颗粒间界面的存在，增加了电荷传导的阻力；并且硅在嵌脱锂离子后巨大的体积改变容易引起颗粒之间的电脱离，引起可逆容量和库仑效率的降低。因此，单独的纳米硅材料很少用于锂离子电池负极材料。利用无定形碳对纳米硅颗粒进行包覆，一方面可以增强体系的导电性，另一方面利用碳较小的膨胀率可以限制纳米硅的体积膨胀，从而提高纳米硅的循环稳定性。

以聚氯乙烯为碳源经高温裂解可制备碳包覆硅的纳米颗粒。其中，碳含量为 48%。该材料的首次库仑效率为 69.2%，可逆容量为 970 mAh·g^{-1}，单个循环的容量损失率仅为 0.24%。

另外，以柠檬酸为碳源，利用喷雾造粒的方法在 300℃～ 500℃下可制备碳包覆硅的纳米颗粒。碳层的厚度随着制备温度的升高而降低。当裂解温度为 400℃时，制备的硅 / 碳纳米硅颗粒具有较好的循环性能，其在循环 100 次以后依然保持了约 1 120 mAh·g^{-1} 的可逆容量，单个循环的容量损失率低于 0.4%。

除此之外，以 SiO_2 为模板，利用 CVD 的方法可制备一种互相连通的空心纳米硅球。空心球能够有效降低表面最大张力，而空心球之间的连通能够增强导电性，降低导电剂的用量。该纳米材料在 0.01 ～ 1 V 以 0.1C 倍率恒流充放电时可逆容量 2 725 mAh·g^{-1}，首次库仑效率 77%，单个循环的容量损失率仅为 0.08%。当以 5C 的倍率充放电时，可逆容量是 0.2C 倍率下可逆容量的 73%。空心硅球在嵌入锂离子后体积膨胀 240%，远小于单晶硅的膨胀率（400%）。

（二）硅薄膜

硅薄膜相对纳米硅颗粒含有较少的界面，电荷传导更加容易，具有更高的库仑效率。主要的制备方法有磁控溅射、气相沉积、射频磁控溅射、电子束蒸镀、等离子体镀膜等。

利用磁控溅射的方法在集流体表面可直接制备无定形的硅薄膜负极。以安全的离子电解质为"电解液"，该负极材料以 1/16C 的倍率充放电时在 30 次循环以后能够稳定输出超过 3 000 mAh·g^{-1} 的可逆容量；当以 $LiCoO_2$ 为正极以 1/10C 放电时，$LiCoO_2$/Si 电池在 3 ～ 4.3 V 间循环能够可逆输出 1 000 mAh·g^{-1} 以上的可逆容量。

利用化学气相沉积的方法可制备厚度约 50 nm 的硅纳米薄膜负极材料。当电压范围为 0.2 ～ 3 V 时，以 100 μA·cm^{-2} 充放电时该材料在 80 次循环以后依然保持 3 000 mAh·g^{-1} 以上的容量。当以厚度为 200 nm 的 $LiMn_2O_4$ 薄膜为正极时，$LiMn_2O_4$/Si 电池在循环 400 次以后依然含有 400 mAh·g^{-1} 以上的可逆容量，容量损失率小于 0.1%。

利用射频磁控溅射的方法在铜箔上可制备厚度为 500 nm 的 α-Si 薄膜负极材料。为了提高硅薄膜同铜箔的接触性，选择表面粗糙的铜箔为集流体。溅射在粗糙箔片上的纳米硅薄膜负极材料经 30 次充放电循环后能够输出 1 500 mAh·g^{-1} 以上的可逆容量。

采用电子束蒸镀的方法可制备多层 Fe/Si 纳米薄膜负极材料，即在硅薄膜的表面蒸镀多层铁的薄膜。纳米硅的体积膨胀受到铁薄膜的有效限制。通过优化 Fe/Si 层叠方式，该复合薄膜材料能够输出 5 000 mAh·cm^{-2} 以上的可逆容量；而且在前 50 次充放电循环中可逆容量几乎没有衰减。

利用等离子体镀膜技术将富勒烯（C60）包覆在硅薄膜上可制备新型薄膜负极材料。该薄膜材料的电化学性能受到等离子体激发能量影响。当等离子体能量为 200W 时，该材料在 0 ～ 2.0 V 时以 500 μA·cm^{-2} 充放电时，循环 50 次以后可逆容量依然在 2 000 mAh·g^{-1} 以上。稳定容量的提高与表面包覆的富勒烯有着直接关系。富勒烯一方面限制了硅的体积膨胀，另一方面改善了硅薄膜的界面，阻碍了硅薄膜同电解液形成 SEI 膜的过程，从而增强了循环的稳定性。

（三）硅纳米线（管）

根据上面的分析，硅纳米薄膜显示了较好的可逆容量和循环性能，但是由于制备技术比较麻烦而很难获取足够的活性材料满足一个实用电池的需要。有研究者以金为催化剂利用气—液—固沉积的方法将硅纳米线直接生长在集流体上。硅的纳米特性可以降低它的体积膨胀率；由于每根纳米线都直接生长在集流体上，体系具有很大的导电性。此外，相对于纳米颗粒，电荷在纳米线中的转移将受到更少的颗粒间的界面层的阻碍。可以预计硅纳米线拥有较好的电化学性能；在 1/20C 充放电时它首次嵌锂容量同硅的理论容量一样，首次脱出容量为 3 124 mAh·g^{-1}，首次库仑效率为 73%。在前 10 个充放电循环中，容量几乎没有改变，远大于硅薄膜的容量。即使在 1C 放电的情况下，它依然能够输出超过 2 100 mAh·g⁻¹ 的可逆容量。虽然该纳米线显示了优异的电化学性能，但是由于它直接生长在集流体上，无法提高能量密度；且通过传统的如超声等方法将其剥离出来不可避免地要破坏纳米线的结构。因此，可用两种方法来提高能量密度：①利用改进的溶液—液—固的方法大量制备硅纳米线，并且利用传统的电极浆料的制备方法重新制备硅纳米线负极材料，考察它的电化学性能。当活性物质：导电剂（乙炔黑）：黏结剂 =78 ： 12 ： 10 时，它的首次效率降低为 34%，循环 75 次以后可逆容量由 1 077 mAh·g⁻¹ 降低到 151 mAh·g⁻¹，主要的原因是经历前几次充放电以后，硅纳米线之间的接触变得很差，参加嵌脱锂离子过程的活性硅变少，因此可逆容量变小。当在硅纳米线表面包覆一层碳（裂解蔗糖），并且以碳纳米管为导电剂时，循环性能得到较大的改善：其第二次可逆容量在 1 500 mAh·g⁻¹，循环 80 次以后依然保持约 1 100 mAh·g⁻¹ 的容量。但是相比较 VLS 方法制备的硅纳米线，它的可逆容量明显降低，主要与硅纳米线的组成改变、硅纳米线的纯度降低以及从集流体到纳米线的电荷转移困难有关。利用化学气相层积的方法同样可制备硅包覆碳的纳米线，与硅核不同的是，碳核虽然容量较小，但是碳的导电性更好，另外即使放电至 0.01V，它的体积变化率依然很小，而放电至 0.01 V，可以有效利用硅壳 2 000 mAh·g⁻¹ 以上的比容量。该材料在 C/5 倍率放电时可逆容量在 2 000 mAh·g⁻¹ 以上，首次循环效率在 90% 以上，循环 50 次以后依然保持约 1 500 mAh·g⁻¹，达到商业化水平的需要。以 LiCoO₂ 为正极做成扣式电池负极材料可以获得 1 400 mAh·g⁻¹ 以上的可逆容量。②用碳纳米管膜做集流体取代传统的金属集流体，利用化学气相层积的方法在碳纳米管膜上面层积纳米硅薄膜。由于碳纳米管的导电性，整个材料的导电性很好（电阻率仅为 30 Ω·m⁻²）。同时由于整体质量变小，纳米硅的含量可以达到整个负极材料的 90% 以上，能量密度预计会有很大的提高。它的首次可逆容量在 2 000 mAh·g⁻¹ 以上，循环 50 次以后容量保持率为 75%。其优异的电化学性能与整个薄膜较好的力学性能及导电性能能够提高材料在嵌脱锂离子过程结构的完整性。另外，该材料具有很高的比容量，可降低负极材料的用量，从而降低整个电池的重量，达到轻型化目的。

为了进一步提高硅纳米线的循环性能，常利用模板法在硅纳米线的表面包覆一层具有较强力学性能的导电层，目的是在提高导电性的同时，限制纳米硅的体积膨胀，保持材料结构的稳定性。

例如，可以利用 SBA-15 为模板制备直径约 6.5 nm 的核壳结构的 Si/C 纳米线。该负极材料在 0～1.5 V 以 0.2C 倍率放电时首次可逆容量 3 163 mAh·g^{-1}，首次库仑效率为 86%。循环 80 次以后容量保持率为 87%。当放电倍率为 3C 时，首次脱锂容量为 2 000 mAh·g^{-1}，循环 20 次以后容量保持率为 95%。倍率性能的提高来源于硅表面包覆的碳层缩短了锂离子扩散距离，有利于锂离子快速扩散。

再如，还可利用一种生物无机模板—烟草花叶病毒（一种柱状病毒，长约 300 nm，外径约 18 nm）通过自组装、钯催化、镍沉积、硅溅射等四个步骤制备包覆镍的硅纳米线。硅纳米线通过金属镍直接同集流体结合在一起，因此其导电性非常好。该负极材料可显示出优异的电化学性能。在 0～1.5 V 以 1C 倍率充放电，第二次循环的可逆容量为 3 343 mAh·g^{-1}，循环 340 次以后依然保持超过 1 100 mAh·g^{-1} 的可逆容量，单个循环容量损失率平均为 0.2%。在 4C 放电的情况下循环 80 次以后依然保持约 1 000 mAh·g^{-1} 的可逆容量。经过循环稳定后，硅纳米线呈现海绵一样的形态，增强了同锂离子合金化反应的可逆性以及循环稳定性。

硅纳米管也被用作锂离子电池的负极材料。相对于硅纳米线，硅纳米管的比表面积更大，同电解液的接触面更广，有利于锂离子的快速扩散；而且，纳米硅内部的空隙能够有效限制锂离子嵌入硅基体导致的体积膨胀，减小锂离子嵌入引起的应力。应力的减小有利于保持材料的完整性。

为了提高硅纳米管的导电性和保持结构的完整性，可以利用无定形碳对硅纳米管进行包覆。例如，以多孔 Al$_2$O$_3$ 为模板利用化学还原含硅有机物的方法制备可碳包覆硅的纳米管。包覆碳的作用是在纳米管外表面形成稳定的 SEI 膜，避免可逆容量随着循环的进行而损失。该纳米材料以 0.2 斜倍率充放电时首次库仑效率为 89%，可逆容量为 3 247 mAh·g^{-1}；当以 5C 倍率充放电时，其可逆容量高达 2 878 mAh·g^{-1}。以 LiCoO$_2$ 为正极材料制备的 LiCoO$_2$/Si 电池在 5C 倍率下依然显示 3 000 mAh·g^{-1} 以上容量，而且循环 200 次以后容量保持率大于 89%（1C）。

二、硅的复合化

硅基材料的复合化是指将硅和体积效应小的基体材料进行复合，利用基体材料的力学性质限制硅的体积膨胀，从而达到延长硅基复合材料的循环的目的。根据基体材料的不同，可将硅基复合材料分为硅—金属和硅—非金属复合负极材料两类。

（一）硅－金属复合负极材料

金属材料具有较好的延展性，作为基体能够有效降低硅材料的体积效应，同时保持体系的完整性。此外，单质硅是半导体材料，本征电导率仅为 $6.7 \times 10^{-4} \, \text{S} \cdot \text{cm}^{-1}$，金属基体的加入有利于整个体系导电性的提高。根据金属材料是否具有插／脱锂离子的活性，硅－金属复合负极材料又可以分为硅－非活性金属和硅—活性金属复合材料。

1.硅－非活性金属复合负极材料

大部分的金属对锂离子都没有电化学活性。它们可以作为惰性基体限制硅的体积膨胀，虽然损失部分容量，但是能够增强整个系统的循环性能。但是，迄今为止，在加强硅的循环性能的同时又能够保持较高容量的体系仅硅－铜体系。

利用化学镀层的方法可在硅颗粒的表面镀铜制备硅－铜复合负极。为了增强二者的接触性，化学镀铜之前要先对硅颗粒表面进行刻蚀，镀铜之后再进行高温退火。整个系统的电导性得到明显提高。在 $0 \sim 2.0 \, \text{V}$ 进行恒流测试时，该复合系统显示了较单纯硅更良好的循环稳定性：首次脱锂容量约 1 500 $\text{mAh} \cdot \text{g}^{-1}$，循环 15 次以后还保持近 1 000 $\text{mAh} \cdot \text{g}^{-1}$ 的容量。循环性能的提高与表面层积的铜提高系统的导电性有关，而高温退火又进一步增强了层积铜的稳定性。

其他惰性金属如 Ni、Fe、Ca 等都得到了广泛研究，它们作为基体能够有效提高硅基负极材料的循环性能，但是由于其容量有限，在此不再赘述。

2.硅－活性金属复合负极材料

常见的具有嵌锂活性的金属材料有 Mg、Ag、Sn 等。

使用球磨和退火的方法可制备 Mg_2Si 负极材料。该负极材料首次脱锂容量达到 1 074 $\text{mAh} \cdot \text{g}^{-1}$，但是循环性能较差，循环 10 次以后仅保持约 100 $\text{mAh} \cdot \text{g}^{-1}$ 的可逆容量。通过 XRD 和 AES 分析可知，Mg_2Si 的反应可能经历了以下三个过程：

第一步：$\text{Mg}_2\text{Si} + x\text{Li}^+ + \text{e}^- \rightarrow \text{Li}_x\text{Mg}_2\text{Si}$

第二步：$Li_xMg_2Si + Li^+ + e^- \rightarrow LiMg_2Si \rightarrow LiMg_2Si + Mg + Li - Si$

第三步：$Mg + Li^+ + e^- \rightarrow Li - Mg$

在完全嵌锂以后的产物发现存在 Mg 和 Li—Mg 合金两相。自锂离子嵌入 Mg 里面导致巨大体积膨胀，引起结构的坍塌以及活性物质同集流体的接触性变差可能就是导致循环性能差的原因。

利用激光脉冲沉积的方法可制备不同厚度的 Mg_2Si 薄膜，其中厚度为 20 nm 的薄膜显示了较高的电化学性能：首次可逆脱锂容量为 2 200 mAh·g^{-1}，300 次循环后容量仍然大于 2 000 mAh·g^{-1}，循环稳定性的提高归因于硅膜的无定形结构，以及在同电解液形成的稳定的 SEI 膜。

在惰性气体中，将金属 Li 同 SiO、SnO 和石墨进行高能球磨，利用金属 Li 的还原性夺取氧化物中的 O 原位生成硅锡合金体系。该负极材料的首次脱锂容量约 900 mAh·g^{-1}，循环 100 次以后容量保持率为 79.2%。Li 同 SiO 生成的 Li_4SiO_4 相以及体系中的石墨相能够起到限制体积膨胀的作用。

（二）硅－非金属复合负极材料

1.硅－碳复合负极材料

碳材料作为商用负极材料在性能上有很多优势，在充放电过程中体积变化很小（9%，石墨），具有良好的循环稳定性，而且其本身是锂离子与电子的混合导体；但缺点是容量相对较小。将碳和高容量硅复合，能实现硅与碳的优势互补，具有实际意义。迄今为止，Si/C 复合负极材料已经被大量研究，制备的方法也多种多样，如气相沉积、球磨、高温裂解等方法。

气相沉积（包括化学气相沉积与物理气相沉积）较多地被用于制备含硅负极材料中。例如，采用苯、氯代硅烷、氯代碳硅烷等作为气相反应前驱体制备可逆储锂容量在 300 ~ 500 mAh·g^{-1} 的碳／硅复合体系，其中 Si 以纳米级微粒分散于碳母体中，表现出一定的容量优势。但是，由于过程中 Si、C 的前驱物均为气态，当气态中的 Si 组分含量超过 11% 时，易在高温下形成惰性的 SiC 相，因此很难进一步提高 Si 在产物中的含量。

机械球磨法也被用来制备 Si/C 复合材料。其优点是能够控制材料的组成、结构以及颗粒的粒度，更主要的是能够将硅均匀地分散在碳的基体里面。例如，将不同比例石墨和单晶硅进行高能球磨制备 Si/C 复合材料。XRD 显示产物中含有大量的纳米硅，它们被包覆在无定形碳的基体里面。当硅含量为 20wt% 时，最佳可逆容量约 1 039 mAh·g^{-1}，在 25 次循环后依然保持了 900

mAh·g^{-1} 的容量。但是其缺点是具有较大的不可逆容量。使用多层碳纳米管同硅进行高能球磨制备的 Si/C 复合材料依然无法解决不可逆容量高、容量衰减的问题。在原料中添加 Li$_{2.6}$Co$_{0.4}$N，然后与石墨和硅高能球磨，可使首次库伦效率提高到 90%。库伦效率的提高可能与电位大于 1 V 时的容量相关（锂离子从锂盐中脱出的电位在 1 V 以上），但是该材料的高电位限制了它在锂离子电池负极中的应用。

除了石墨，中间相碳微球也经常被用来作为硅的基体材料。将中间相碳微球同单晶硅经过高能球磨制备的 Si/C 负极材料能够输出约 1 066 mAh·g^{-1} 的首次充电容量，循环 25 次以后仍然保持 700 mAh·g^{-1} 的稳定容量。它们相对于以石墨作为基体的 Si/C 材料显示了更佳的循环性能，主要得益于硅的良好分散性。

高温裂解制备的 Si/C 材料往往循环性能不佳、库伦效率偏低，主要原因是硅的分散性较差以及裂解制备的碳基体空隙率较高；而使用高能球磨的方法制备的 Si/C 负极材料虽然具有较好的循环性能，但是却拥有较高的不可逆容量。如果把高能球磨和高温裂解方法结合起来，可以获得电化学性能优良的 Si/C 复合材料。例如，可将聚氯乙烯同硅经过两次高能球磨、高温裂解制备 Si/C 复合负极材料。该负极材料体系的首次库仑效率为 80%，可逆容量为 1 100 mAh·g^{-1}，循环 40 次以后容量保持率为 69%。电化学性能的提高主要归功于高能球磨使不稳定的颗粒破碎形成 Si-C 核，改善了硅在碳基体里面的分散性，同时降低了裂解碳的空隙率。除了聚氯乙烯，聚苯乙烯、蔗糖、沥青等也被用作碳源，利用与上面类似的方法制备的 Si/C 复合负极材料都显出了较高的可逆容量和较佳的循环性能。

除了使用物理方法将纳米硅与碳源复合外，还有一种可行的方法是将硅氧化合物在负极材料的制备过程中原位还原成纳米硅，从而制备成均匀性较好的 Si/C 复合负极材料。例如，可将铝、氧化锂和一氧化硅按照一定比例经高能球磨，然后与焦油混合高温裂解制备 Si/C 复合负极材料。其中，纳米硅就是利用金属 Al 同 SiO 的还原反应原位生成的。最终的产物具有较好的循环性能，在循环 40 次以后依然保持 600 mAh·g^{-1} 的可逆容量，这主要归因于原位生出的纳米硅的高分散性以及包覆在纳米硅表面的碳改善了体系的导电性。

碳凝胶也被用来制备 Si/C 复合负极材料。例如，利用间苯二酚和甲醛制备碳凝胶的过程中，可以在原料成黏稠状时引入纳米硅，然后经高温处理制备出纳米硅均匀分散在碳基体的 Si/C 复合负极材料。该材料的首次充电容量为 1 450 mAh·g^{-1}，循环 50 次以后依然保持 1 400 mAh·g^{-1} 的容量。良好的循环性能得益于纳米硅的引入及其均匀分散在碳的三维空间结构中。

为了降低成本，可采用在常温中直接对先驱体进行脱水的方法取代利用高温碳化的方法来制备 Si/C 复合材料。例如，将蔗糖和纳米硅超声分散，在红外光作用下形成浆液，然后在常温中使用浓硫酸脱水 2 h 制备 Si/C 复合负极材料。其首次充电容量约 1 115 mAh·g^{-1}，首次循环效率为 82%，循环 75 次以后，可逆容量依然保持 560 mAh·g^{-1}。良好的循环性能（相对于纳米硅）得益于纳米硅外面包覆了一层无定形碳，无定形碳能够缓冲纳米硅体积膨胀。

2. 硅氧复合负极材料

SiO_x 同 Si 相比具有较小的体积膨胀效应，而且在嵌锂过程中生成的 Li_2O 能够进一步缓解体积的膨胀，所以它也被视为锂离子电池负极材料。

下面分别将不同组成的 SiO_x（x=0.8、1.0、1.1）材料作成负极材料，测试它们的嵌锂行为。如图 3-1 所示，$SiO_{0.8}$ 材料拥有较高的初始容量，但是它的循环性能较差；$SiO_{1.1}$ 材料虽然初始容量不如前者高，但是它拥有较高的循环保持率，这主要是因为嵌入的相对较少的锂离子对材料的体积改变较小，材料保持了较高的力学性能；SiO 材料同 $SiO_{1.1}$ 材料虽然拥有相当的初始容量，但是它的容量保持率较低，这主要与它较大的颗粒尺寸相关（2000 nm）。

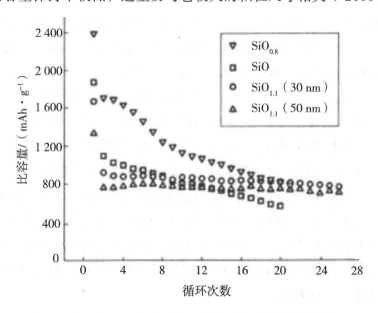

图 3-1　不同组成的 SiO_x 负极材料的循环性能

利用溶胶凝胶法可制备核壳结构的 Si/SiO 材料，利用具有较小的体积膨胀率的 SiO 材料限制 Si 的膨胀，可达到提高稳定容量和循环性能的目的。该材料的循环性能如图 3-2 所示。首次脱锂容量约 810 mAh·g^{-1}，在循环 20 次以后的稳定容量为 538 mAh·g^{-1}，可以看出核壳结构的 Si/SiO 材料拥有较硅材料优异的循环性能。

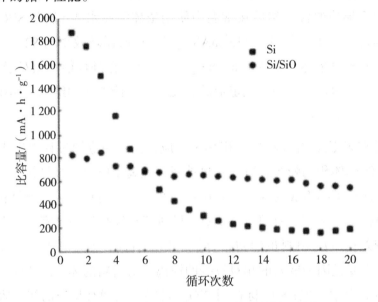

图 3-2　核壳结构的 Si/SiO 材料的循环性能

SiO$_x$ 材料具有较高的比容量，但是库仑效率往往较低，一个主要的原因是其导电性较差。为了克服导电性差的缺点，常常引入导电性好的石墨进行改性。根据石墨的分散状态，改性的方法主要分为两种：

第一种，石墨表面包覆 SiO$_x$ 材料。利用化学气相沉积的方法在 SiO 颗粒上面沉积一层碳，制备出多孔的 SiO/C 复合负极材料。该材料首次库仑效率为 59%，远大于单独 SiO 材料的效率（44%），这主要得益于该体系良好的导电性和较小的极化。此外，该材料还具有较好的循环性能，其首次脱锂容量为 675 mAh·g^{-1}，循环 50 次以后依然保持 620 mAh·g^{-1}，容量保持率为 88%。

第二种，石墨同 SiO$_x$ 材料形成复合材料。将 SiO 和石墨经高能球磨制备出分散均匀的 SiO/C 负极材料。该材料的首次脱锂容量为 693 mAh·g^{-1}，循环 20 次以后依然可保持 688 mAh·g^{-1}，容量保持率为 99%。但是该材料的首次库仑效率较低，仅为 45%。

SiO 负极材料的不可逆容量是在首次嵌锂过程中锂离子嵌入 SiO 基体里面

产生的，为了减小不可逆容量，提高首次循环的效率，一个可行的办法是在充电之前预先对 SiO 负极材料进行锂掺杂。将制备好的 SiO 负极材料的极片（包括黏结剂 PVDF、导电剂乙炔黑 AB）浸泡在金属锂的有机溶液（萘和金属锂的丁基甲基醚溶液）中进行掺锂。随着浸泡时间的延长，SiO 负极材料的电势逐渐降低，说明已成功地对 SiO 掺入了锂离子。SiO 负极的不可逆容量得到了有效限制，可逆容量随着掺杂时间的延长而逐渐增加。当掺杂时间为 72 h 时，它的可逆容量可以达到 670 mAh·g^{-1}。

3. 硅－氧－碳复合负极材料

硅－氧－碳化物（Si-O-C 材料）是指聚合物先驱体在 800℃（体系中开始失去氢）～ 1 400℃（碳热还原反应致使生成 SiC 微晶）之间热解生成的一类仅由 Si、C、O 元素组成的无定型材料。Si-O-C 材料一般分为两相：Si-O-C 相和自由碳相。

高温裂解含硅聚合物是制备 Si-O-C 负极材料的主要方法。

利用裂解聚硅氧烷和聚硅烷的方法可制备元素组成各异的 Si-O-C 复合负极材料。Si-O-C 材料具有较高的嵌/脱锂离子的活性。其中，当 Si-O-C 材料中 Si、C、O 含量分别为 25%、45% 和 30% 时，其可逆容量达到极大值，约为 890 mAh·g^{-1}。

由于先驱体的结构决定了 Si-O-C 材料的组成和结构，可以对先驱体的组成和结构进行特殊设计。

以含苯环的聚硅烷为硅源，以聚苯乙烯为碳源可制备 C/Si-O-C 复合负极材料。由于小分子在裂解过程中的挥发而在体系中形成大量微孔，微孔既可以缓解因锂离子嵌入引起的体积膨胀，又可以作为活性点存储锂离子。该 C/Si-O-C 负极材料显示出较高的可逆容量为（600 mAh·g^{-1}）和良好的循环性能。

以含有活性基团乙烯基和硅氢键的两种硅树脂作为硅源，利用乙烯基和硅氢键的反应在石墨表面形成数百纳米厚的 C/Si-O-C 薄膜。由于石墨的含量较低（<7wt%），该材料可逆容量的主要来源仍然是 C/Si-O-C 负极材料。石墨的引入有利于 C/Si-O-C 负极材料可逆容量的提高和滞后电压的消除。裂解温度对 C/Si-O-C 产物的可逆容量及循环性能影响很大。当裂解温度为 1 000℃时，该 C/Si-O-C 负极材料具有最高的可逆容量（780 mAh·g^{-1}），随着充放电循环的进行，可逆容量逐渐衰减，在 15 个循环后仅保持 600 mAh·g^{-1} 的容量；当裂解温度为 1 250℃～ 1300℃时，C/Si-O-C 负极材料的可逆容量有所

降低（650～700 mAh·g⁻¹），但是却具有更好的循环稳定性；当裂解温度超过 1 300℃到达 1 350℃时，C/Si-O-C 负极材料的循环性能最佳，但是可逆容量较低（仅 500 mAh·g⁻¹），这主要是由于高温下的碳热反应引起了不可逆的 SiC 晶体的生成。

为了提高 C/Si-O-C 负极材料的可逆容量，可改变其形态，将其制成薄膜材料。例如，将聚合物先驱体喷雾在铜箔上，经高温裂解后形成可以直接装配于锂离子电池的 C/Si-O-C 薄膜极片。相对于传统的极片制备方法，该方法不再需要混合导电剂和黏结剂，制备过程相对简单。该 C/Si-O-C 负极材料的循环性能如图 3-3 所示。

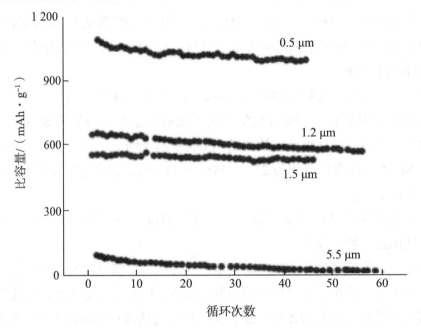

图 3-3　具有不同厚度的 C/Si-O-C 薄膜负极的循环性能

从图中可以看出，C/Si-O-C 薄膜材料具有同粉末 C/Si-O-C 负极材料接近的电化学性能。当 C/Si-O-C 薄膜的厚度控制在 1μm 以下时，首次库仑效率大于 75%，可逆容量大于 1 000 mAh·g⁻¹，而且稳定后的库仑效率接近 100%。同时，由于薄膜的厚度较小，锂离子扩散的距离因此减小，该材料还具有较好的倍率性能。

硅基材料作为锂离子电池负极材料，具有很高的电化学容量，但由于循环性能差、首次库仑效率低限制了其在商业上的应用。为了解决这些问题，通过硅材料纳米化、薄膜化；硅包覆到碳材料或金属表面；改善与集流体的接触；硅化物的多相掺杂等方法或技术手段，可以获得高容量、循环性能好的电极材料。不同形貌的单质硅纳米结构在一定程度上提高了比容量和循环性能，但受合成条件的影响，不能从根本上解决容量衰减问题。随着薄膜技术的发展，硅薄膜复合电极材料有希望应用于微型电池。硅金属合金虽然能提高硅的导电性能，但硅金属合金依然存在颗粒的破裂和粉化问题，限制了其进一步的发展。硅－碳复合材料比容量高、成本低廉、制备工艺简单，循环性能好，结合硅金属合金，并采用可以将极板的膨胀在负极内部吸收的缝隙结构，有可能达到具有商业价值的研究成果。

由于硅基复合材料的制备方法及结构不同，其作为锂离子电池负极材料的电化学性能也不尽相同。因此，在探索材料制备技术基础上，深入探讨硅基材料的电化学作用机制，丰富材料及电极的测试手段，优化材料制备工艺，选择合适的黏结剂和电解液添加剂，制备出具有更高容量和优良循环性能的硅基材料，将是今后的研究重点。

第三节　高性能锡基负极材料的性能及制备

锡基负极材料的研究热潮始于 1997 年富士公司在 *Science* 上报道的非晶态锡的氧化物储锂材料，该材料的可逆储锂容量高出石墨两倍，兼具脱／嵌锂电位低、电极结构稳定、循环性能好等优点而引起了广泛的关注，被视为最有发展潜力的新一代锂离子电池负极材料。在随后的研究中，人们发现 SnO_2 在首次充电过程中会生成 Li_2O，产生巨大的不可逆容量损失（50％以上），因此 SnO_2 既是 Li 的高储备材料，又是 Li 的高消耗材料。

金属锡可以和锂形成多种比例的合金，如 Li_2Sn_5、Li_7Sn_5、Li_7Sn_2、$Li_{22}Sn_5$。锡的最大嵌锂数为 4.4，对应于 994 $mAh \cdot g^{-1}$ 的理论储锂容量。由于锡负极具有很高的堆积密度，所以它的体积比容量高达 7 200 $mAh \cdot g^{-1}$，是石墨负极的 9 倍。同时，它的工作电压位于 0.3 ～ 1.0 V 之间，不存在锂沉积的问题，因此是一种很有产业化前景的负极材料。然而，锡负极在充放电过程中经历着巨大的体积变化（>300％），造成活性颗粒的破裂或粉化甚至结构的坍塌。因此，改善循环稳定性成为近些年锡基负极材料研究的重点。目前的研究主要集中在锡基氧化物、锡基合金和锡基复合物等材料上。

一、锡基氧化物

（一）材料种类与结构

锡基氧化物负极材料包括氧化亚锡（SnO）、二氧化锡（SnO$_2$）以及二者的复合氧化物。目前为大家所普遍接受的锡氧化物嵌脱锂机理是 Dahn 等通过原位 X 射线衍射（XRD）法得到的两步反应机理，以 SnO$_2$ 负极为例：

$$SnO_2 + 4Li^+ + 4e^- \rightarrow Sn + 2Li_2O$$
$$Sn + xLi^+ + xe^- \leftrightarrow Li_x Sn(0 \leqslant x \leqslant 4.4)$$

在第一步反应中，SnO$_2$ 被锂还原生成金属单质 Sn 和 Li$_2$O；在第二步反应中，生成的金属锡单质继续与锂发生反应生成 Li$_x$Sn 合金。早期的研究认为第一步放电过程 Li$_2$O 的形成是不可逆反应，是导致氧化物首次充放电不可逆容量损失的主要原因。因此，通过第二步可逆反应计算得出的 SnO 和 SnO$_2$ 的理论放电容量分别为 875 mAh·g^{-1} 和 782 mAh·g^{-1}，都低于金属锡单质。但是，在第一步反应中生成的 Li$_2$O 作为骨架网络，支撑和分散了金属锡聚集区颗粒，使之具有较高的化学活性和充放电能力，从而提高了锡负极的循环寿命。

（二）主要合成方法

制备锡基氧化物负极材料的方法很多，常见的有制备锡氧化物粉末的水热法、模板法、溶胶凝胶法等以及制备锡氧化物薄膜的化学气相沉积法、静电热喷镀法、磁控溅射法、真空热蒸镀法等。不同方法所得到的锡氧化物具有不同的形貌、尺寸和比表面积等，势必会对其电化学性能产生较大的影响。

水热法是指在特制密闭容器如高压釜中，以水作反应介质，加热反应容器，创造高温、高压反应环境。该方法避免了高温烧结，能耗低，工艺简单，可直接得到分散且结晶良好的粉体；控制水热条件可得到不同形貌的锡氧化物，产物物相均一，粒度范围分布窄，结晶性好，纯度高。制备的样品相比于其他的方法具有晶形完整、颗粒尺寸小、分布均匀且颗粒团聚轻等优点。然而，受反应场所和浓度的限制，水热法制备锡氧化物的产量较低，很难规模化生产。

模板法是以模板为主体构型，对材料的形貌进行控制和修饰，对材料的尺寸进行调节，从而决定材料性质的一种合成方法。模板法相比固相煅烧法、水热合成法和溶胶凝胶法等具有更多优点，主要如下：①模板的合成比较方便，且其性质可精确调控；②制备过程相对简单，适合批量生产；③纳米材料的尺寸、形状及分散性均可控，极适合一维纳米材料（纳米线、纳米棒和纳米管）的合成。因此，模板合成是制备有序纳米材料的最理想方法，其所制备的纳米锡氧化物通常表现出优异的电化学性能，但模板合成法的成本相对较高，不宜于大规模生产。

溶胶凝胶法是将原料（一般为金属无机盐或金属醇盐）溶于溶剂（水或醇）中形成均匀溶液，其溶质与溶剂发生水解（或醇解），再聚合生成纳米级粒子并形成均匀溶胶，经过干燥或脱水转化成凝胶，最后经过热处理得到所需材料。改进后又出现了络合物溶胶凝胶技术，如柠檬酸络合法、高分子聚合物络合法、甘氨酸络合法、多羧基酸络合法、酒石酸络合法、乙醇酸络合法、丙烯酸络合法等。获得高质量的溶胶凝胶是该方法的关键。该方法可使原料获得分子水平的均匀性，可缩短反应时间，降低反应温度，避免高温杂相的出现，产物纯度高。该方法制备材料粒径分布窄，均一性好，比表面积大，初始充放电比容量高，循环性能好，但其工艺烦琐，需蒸发大量水分和有机溶剂，费时耗能，工业化实施成本较高，目前主要用于实验室规模掺杂研究。

锡氧化物薄膜化可以在一定程度上消除由于锂嵌入和脱出造成的体积变化带来的不利影响。其中，化学气相沉积薄膜法具有沉积速度快、经济效益高、利于大规模生产等优点。化学气相沉积制备的结晶态锡氧化物薄膜负极通常表现出较高的比容量和良好的循环性能。静电热喷镀法制备的非晶锡氧化物薄膜也具有良好的循环性能和倍率放电性能。除化学气相沉积法、静电喷射法外，射频磁控溅射法可以使薄膜在低温基板上沉积，并能提高沉积薄膜的密度、结晶度等；而真空热蒸镀法可在大面积范围内制备光滑、致密的薄膜。

二、锡基合金

（一）材料结构与特点

为了改善锡负极的循环性能，研究者们提出了以金属间化合物（即锡合金）来取代锡单质负极的方法。这种方法的基本思想是在一定的电极电位即一定的充放电状态下，锡合金中的锡（或多种）组分（即"活性物质"）能够可逆地储存释放锂，而其他相对活性较差甚至是惰性的组分，则充当缓冲"基体"（matrix）的作用，缓解"活性物质"在充放电过程中的体积膨胀，从而维持材料结构的稳定性。在这一思想的指导下，各种锡合金体系在锂离子电池负极材料的研究领域引起了广泛关注，并取得了很大进展。

能与锡形成合金的元素有很多，目前研究较多的锡基二元合金主要有 Sn-Cu、Sn-Sb、Sn-Co 及 Sn-Ni 等。

1. 锡铜合金

Cu_6Sn_5 是铜锡合金中最具代表性的合金，具有简单六方结构（NiAs 型，空间点群 $P6_3/mmc$），其理论嵌锂容量为 605 mAh·g^{-1}。Cu_6Sn_5 负极的嵌锂反应机制如下：在锂离子嵌入过程中，Cu_6Sn_5 结构发生拓扑转变，锂占据了三角双锥面的间隙，将 1/6 的 Cu 原子挤出晶格，生成 Li_2CuSn 中间产物。在进一步的嵌锂过程，形成富锂相 $Li_{4.4}Sn$ 合金和纳米铜，合金分布在纳米铜的周围，有效地缓冲了活性 Sn 负极体积的膨胀，使合金的循环性能得到了一定的改善。

2. 锡锑合金

另外一种较常见的金属间化合物为 Sn-Sb 负极材料，它拥有立方岩盐结构（NaCl）。当锂离子嵌入时，在 800 mV（vs.Li^+/Li）附近，Sn 被 Li 置换脱出原始晶格，生成单质 Sn 和 Li_3Sb 合金。不同于金属 Sb 负极嵌锂后发生 Sb 原子的重排，化合物 SnSb 负极在嵌锂生成 Li_3Sb 合金的转变中，Sb 原子始终占据着面心立方的位置，因此嵌锂后体积仅增加了 40%（每个 Sb 原子），远远小于单质 Sb 嵌锂后的体积膨胀率（147%）。当锂离子进一步嵌入时，生成的单质 Sn 在 400 mV 以下与 Li 形成 $Li_{4.4}Sn$ 合金。这一类复合反应与 Cu_6Sn_5 合金嵌锂反应有所不同，被置换出来的组分也能与锂形成合金，当一种活性组分与锂反应时，另一种组分可充当"惰性基质"的作用。因此，这种合金的理论储锂容量与纯金属单质很接近，但循环性能又比纯金属单质好。

3. 锡钴合金

金属 Sn 和 Co 能形成具有多种不同原子比的合金，Co 的引入有利于改善 Sn 负极的韧性，从而提高其电化学性能。在锡钴二元合金相图上，随着锡含量的增加会出现三类合金：Co_3Sn_2、CoSn 和 $CoSn_2$。其中，Co_3Sn_2 和 CoSn 为六方形结构，$CoSn_2$ 为四方形结构，总体趋势是随着锡含量的增加，其可逆容量增加，但循环性能有所降低。

4. 锡镍合金

Sn 与 Ni 主要形成 Ni_3Sn_2 合金，结构与 Cu_6Sn_5 相似，Ni 作为基体骨架具有良好的导电性能，合金材料不会出现电位滞后现象。Ni_3Sn_2 在脱嵌锂过程中，大量的 Ni 原子将以团聚形式游离出来缓冲体积膨胀，同时部分 Ni 原子与 Sn 原子形成较强的共价键稳定基体骨架，体积膨胀率较小，在整个过程中以牺牲嵌锂容量来提高合金的循环性能。

（二）主要合成方法

迄今为止，已发展出多种制备锡基合金负极的方法，包括机械球磨法、化学还原法、电沉积法和水热合成法等。

机械球磨法是利用机械能转化为化学能来制备锡基合金的一种传统方法，通过高温热能引起的化学变化来实现晶型转变或者是晶格的变化，从而诱发化学反应或诱导材料组织结构和性能变化，生成新物质。机械球磨法广泛适用于制备多种纳米合金材料及其复合材料，特别是用常规方法难以获得的高熔点的合金纳米材料。机械球磨法的优点如下：明显降低反应活化能，细化晶粒，合金粉末的活性高，粒径分布均匀，分散性好。其缺点是容易引入氧等一些杂质。机械球磨法制备的合金粉末粒径很小，这使合金粉末具有较大的比表面积，并且表面活性较高，极易被氧化，导致锂离子在嵌入过程中存在大量副反应，造成不可逆容量损失。

化学还原法是制备锡基合金粉末应用最广泛的方法之一。化学还原法是选择一种或几种还原剂通过化学反应的方法将金属盐还原成金属的过程，常用的还原剂包括硼氢化钠、水合肼、次亚磷酸钠、活泼金属或者固体碳等。化学还原法的主要优点是制备的合金粉末可达到纳米级，设备简单，成本低，可以大量获得，适用商业化生产。其缺点是合金粉末易发生团聚，表面合金发生氧化以及存在一定的局限性，对于一些还原电位较负及电位差较大的金属，一般的还原剂很难将其还原或共还原。

电沉积法作为制备纳米合金材料的方法，正逐渐受到人们的重视。通过提高沉积电流密度，使其高于极限电流密度，可以得到纳米晶合金材料。采用电沉积工艺制备的锂电池合金负极材料可以不必使用导电剂、黏结剂，从而使电极具有较大的体积比容量和较低的成本，而且合金材料与基体的结合力比传统的涂浆工艺要好。电沉积法的主要缺点在于电沉积工艺的影响因素比较多，如电流密度、电解液浓度、添加剂的量以及温度等，电沉积工艺的控制比较复杂，特别是对于电沉积法制备纳米材料的机理，人们目前的认识还不够深刻。

水热合成法是目前制备锡基无定形和纳米晶型合金非常有效的方法之一。

水热合成法制备纳米合金具有良好的组分可控性、粒度分布均匀、合金粉末的活性较好、纯度高的优点，适合商业化应用。其缺点是产率低，反应时间过长。另外，水热合成中，水热反应的时间、温度、原料的添加量以及缓冲剂的用量等会对合金粉末的性能产生影响。

三、锡基复合物

（一）材料结构与特点

锡基复合物是目前研究较多的另一种锡基负极材料，近年来对锡基复合物的研究主要集中在锡基与碳材料的结合方面。碳材料作为一种稳定的基体或包覆剂，可以作为 Sn 负极膨胀缓冲剂，同时碳颗粒还可以作为 Sn 负极与集流体之间的导电通道，起到稳定结构和增加导电性的作用。无定型碳、石墨、中间相碳微球（MCMB）、硬碳球（HCS）、多孔碳、纳米碳管等多种碳材料都可用来与 Sn 复合。

此外，研究者们认为，在 Sn-C 复合物中，碳抑制 Sn 负极体积膨胀的作用仍显不足。因此，他们致力于将纳米合金与碳材料进行复合，得到了容量高、循环性能好的复合材料 Sn-M-C（M 为惰性基质）。例如，合金与石墨烯的复合材料，不仅可以大幅度提高嵌锂容量，而且合金与石墨烯在充、放电过程中的协同效应也可以改善电极的循环性能。这一方面得益于纳米合金材料的高容量，另一方面得益于碳材料循环过程中的结构稳定性。

（二）主要合成方法

制备锡基复合物的方法一般包括机械球磨法、固相反应法、液相还原法和溶胶凝胶法等。

机械球磨法用于制备锡基复合物时的操作简单、成本低廉，但长时间球磨会造成合金的氧化及引入铁等杂质，而且合金和碳的结合力有限。

高温还原性气氛下的固相反应方法是用含有金属阳离子的有机盐作为锡（锡合金）的反应前驱物，如 2- 乙基己酸锡盐或二丁基二月桂酸锡盐等。与锡形成中间相合金的金属，如 Sb、Cu，制备前驱物可以是其氧化物或金属有机盐，如 CuO、Sb_2O_3 或 2- 乙基己酸锡盐等，在还原性气氛中进行高温固相反应，将锡单质或锡合金沉积到碳材料的表面上，得到锡合金与碳的复合材料。该制备方法所得的锡基复合物循环性能优异，但在含锡量大于 30% 后，其性能明显变差，且制备方法较复杂、成本较高。

液相还原法一般是用含锡的氧化物作前驱体，在乙二醇等非水溶液中用硼氧化钠、硼氢化钾、锌等作还原剂，或在水溶液中用次磷酸钠等作还原剂将锡合金沉积到碳基体上得到复合材料。碳基体一般选用成品碳材料。

溶胶凝胶法通常采用含碳的有机物作为碳源，先在合金表面形成含碳的包覆层，再经过高温处理，使包覆层碳化，得到包碳的复合结构。目前，此类方法所制备的锡基复合物包覆均一性还较差，包覆的工艺还需进一步探索。

锡基材料作为锂离子电池负极材料的前景是十分光明的，应主要从以下三个方面入手改善锡基负极的循环性能：①多元复合化。添加元素种类由二元向三元复合材料方向发展。其主要目的是通过引入金属元素或碳等非金属元素，以合金化或复合的方式稳定锡基材料的结构，提高循环性能。②纳米化。将粒度减小至纳米程度，可降低材料内部应力，减小粉化趋势，改善材料的循环性能。③无定型化。将材料转化成长程无序、短程有序的无定形态，利用无定形结构改善锡基材料的循环性能。目前，单一途径很难彻底解决问题，需要几种途径综合运用才能成功稳定材料的结构，提高材料的循环性能。

第四节　石墨负极材料的特点及生产

一、石墨负极材料的衰减机理

石墨负极材料在循环过程中存在的容量衰减现象主要包括以下几方面因素：体积变化导致微裂纹、石墨化度降低、接触损失、表面膜的变化、金属锂析出、不均匀性等。有时这些因素并不是孤立存在，而是相互之间作用，互为影响，最终造成电芯容量非正常衰减。

（一）体积变化导致微裂纹

负极材料在循环过程中容易发生材料的裂化，即材料的微裂纹。采用聚焦离子束和扫描电镜测试表征手段可观察到石墨材料在经 200 次和 800 次循环后发生明显的变化，未循环的材料在扫描后没有发现任何的裂纹或裂痕。经过 200 次循环后，可以发现材料中有微小的裂纹出现，材料进一步经过 800 次循环后，可以看到大量的裂纹出现，且裂纹在纵深方向上有一定深度，表明裂纹随着循环次数的增加逐渐生长，并且材料产生的裂纹具有与极片箔材平行的特点。由于测试电芯属于软包锂离子电芯，因此材料在充电过程中会发生石墨体积的增大，进而在石墨材料中产生应力；由于电芯结构特点的原因，在垂直于集流体方向的应力更容易得到释放引起裂纹。表面包覆是改善石墨材料表面特性的有效方法，提高材料的机械强度可避免因充放电导致材料体积收缩－膨胀引起的裂纹。采用 AlF_3 包覆石墨负极可提高材料的性能以降低材料的微裂纹，对石墨材料进行 1% 的 AlF_3 包覆后性能最佳。

（二）石墨化度降低

石墨负极材料在循环过程中会发生结构的一些变化，如石墨化度的降低等。一般而言，碳负极的充放电容量随着石墨化度的增大而增大。通过拉曼光谱比较新电极及经过 1 500 次循环后的 I_D/I_G 比值可确定石墨材料的石墨化度。研究发现，纯石墨粉的 I_D/I_G 比值略高，为 0.15，这是由于石墨材料包覆软碳的原因，如图 3-4（a）所示。如图 3-4（b）所示，极片的 I_D/I_G 比值为 0.56，明显高于纯石墨，原因是极片制备过程中掺入导电炭黑。通过图 3-4（a）～图 3-4（d）的 I_D/I_G 比较可以发现，随着循环次数的增多，负极石墨材料的无序化度会逐渐增大。通常的 $LiPF_6$ 体系电解液在循环过程中会发生 PF_6^- 嵌入到石墨负极中的现象，并且电解液中如果存在 PC 溶剂也容易发生共嵌入，引起石墨材料的剥离，进而导致材料的石墨化程度降低。

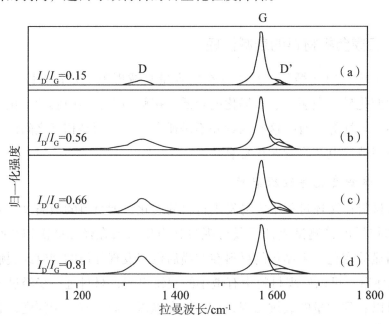

图 3-4　石墨材料的拉曼光谱

（三）接触损失

锂离子在嵌入/脱出石墨电极的过程中，活性组分会产生应力的不均匀性，进而导致接触不均匀而形成接触损失。接触损失包括以下几点：①碳颗粒之间；②集流体和碳颗粒之间；③黏结剂和碳颗粒之间；④黏结剂和集流体之间。将不同循环次数后的电芯拆解，测试负极材料的多孔性来表征负极材料接触损失，测试结果如图3-5所示。随着循环次数的增加，负极材料的克容量逐渐降低，材料的多孔性逐渐增加。多孔性的增加有利于电解液和锂离子的扩散，本应有利于电池性能的提升，然而实际情况是性能不如之前，说明材料的电子导电性降低明显，这是由于电极的接触损失增大了。对循环后的电极片进行再次辊压，其阻抗降低且材料容量增大。合理设计电芯极片的辊压参数和电芯配方能够有效降低因循环造成的接触损失。

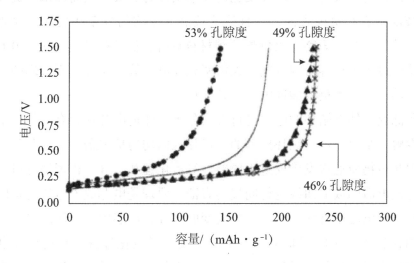

图3-5　循环后电芯负极片多孔性和电压曲线

此外，不同黏结剂配方也会对电芯性能产生影响，黏结剂在一定程度上可以改变电芯材料在循环过程中的接触性能。7%PVDF黏结剂配方具有最佳的循环性能。PVDF黏结剂配方电芯在循环过程中没有发生明显的结构变化，材料保持良好的接触性。

（四）表面膜的变化

石墨等负极材料在循环过程中会与有机电解液发生一系列反应，在电芯的化成阶段，负极材料即与电解液溶剂和溶质反应形成一层SEI膜。负极SEI膜是溶剂还原产物，SEI膜成分表现为热力学不稳定性，在可充电的电芯体系中会不断地发生膜的溶解和再沉积的动态变化过程。SEI 膜在有杂质 HF、膜内含有引入的金属杂质、高温、大倍率等条件下会加速溶解及再生，引起电池容量的损失和电池失效的风险。尤其在高温条件下，SEI 膜中的烷基碳酸锂等有机成分将转化为更稳定和致密的 $LiCO_3$、LiF 等无机成分，导致 SEI 膜的离子导电性降低。正极溶解或加工制造引入的金属经由电解液扩散至负极，在负极表面还原成金属单质并沉积，金属沉积物会催化电解液发生分解反应，导致负极阻抗显著增加，最终使电芯容量有所衰减。通过添加高温添加剂或者新型锂盐提高 SEI 膜的稳定性可以延长负极材料的寿命，进而实现性能的提升。

（五）金属锂析出

金属锂负极具有能量密度高、电压低、质量轻的特点，是锂离子电池最为理想的负极材料。最初的电池开发也是以单质锂为负极，然而锂单质负极易于形成锂枝晶附着在负极表面，并且这些枝晶并非均匀分布在表面，因此很容易导致电芯失效甚至短路起火爆炸。碳材料具有较低的插锂电位（∼ 0.1 V），因此在循环过程中很容易因过充、大倍率充放电、低温循环、不合理的正负极材料匹配等条件导致负极插锂电位达到 0 V。

对在低温条件下循环的电芯进行有损分析，即把电芯在含有氩气的手套箱内进行拆解，结果显示，循环拆解的负极片表面均匀地覆盖一层银灰色的金属锂，该银灰色物质遇水发生反应生成碱性氢氧化锂和氢气。析锂情况可以借助电芯在充满电后的放电曲线进行间接的表征。原理是电芯放电电压容量曲线出现平台时对应电芯中材料物相发生相转变的过程，电芯中高电压放电平台的出现表明析出锂（析出的锂是可逆锂单质）发生了氧化过程。在这个放电过程中，锂的脱嵌过程与氧化过程相互竞争，然而氧化过程要优先于脱嵌过程。借助以上策略，就可以判断电芯在充电过程中是否发生了锂的析出。

采用人造石墨代替天然石墨可以有效降低负极材料的析锂程度。在石墨碳表面分散其他元素，如 Sn 和无定型碳等，都可以降低负极表面的 SEI 阻抗和低温下的极化程度，并且 Sn- 石墨可以增加惰性层的导电性。表面包覆和适度机械辊压也能改善材料的析锂程度，提高电芯的循环性能。

（六）不均匀性

负极材料的衰减有时候也与负极材料的混合均匀程度有关，活性材料与导电剂、黏结剂等混合不均匀的时候，或者有些极片局部导电剂过多的时候，也会导致材料的相关区域易于锂离子的插入而形成过嵌入。过嵌入的区域易于形成锂单质而析锂。温度分布不均匀性也能引起电芯失效，电芯在充放电过程中由于极片所处的封装位置不同导致该位置极片温度高于其他区域。通常叠片电芯中间区域极片的温度要高于外层极片，卷绕电芯的中心区域极片要高于外层极片。这是由于中心或中间区域极片电解液的渗透性不强，且这些区域由于 SEI 膜的形成产生的气体不容易扩散，因此很容易造成局部内阻过大。另外，电解液分布的不均匀性同样也会导致电芯过早地发生衰降，降低电芯使用寿命。

电解液的润湿性会直接影响电池的性能，这是由于不均匀的极片润湿程度将导致电流密度的不均匀分布以及不均匀的 SEI 膜形成。电极浸润程度会对电池性能产生影响。首先，电芯放空电后隔膜上有物料黏附在上面，这是由于不均匀的电解液润湿导致局部阻抗过高，相应地释放热量也大，导致局部失效。其次，电池负极在充满电的情况下，由于电解液不充分浸润会导致注液过程中电芯气泡无法排出，以及化成过程产生气体富集无法移除，锂离子无法完全插入气泡区域的材料，从而造成局部嵌锂不足。因此，电芯注液后的搁置时间也十分关键，搁置时间不足会导致浸润性不佳，搁置时间太长会导致生产周期过长。导电剂、黏结剂与活性材料混合的不均匀性可以通过改变混料工艺来改善，将材料由湿混工艺改为干混，电芯的性能可得到很大改善。另外，采用多步骤混合的方法也能改善混料极片的最终性能。电解液的不均匀分布可以适当延长电芯搁置时间，气体无法排出可以通过对电芯进行适当加压和预压把多余气体赶出到电芯多余空间中。

锂离子电芯石墨负极材料在循环老化过程中会经历几种不同的衰减机理。衰减机理包括负极材料循环过程中体积变化导致材料微裂纹的出现；负极材料结构改变如石墨化度的降低；在不断充放电循环过程中材料的离子、电子导电性等降低引起的接触损失；与 SEI 表面膜有关的 SEI 膜增厚、SEI 膜破裂及再生；不合理的设计引起的负极析锂即金属锂析出；导电剂分散的不均匀性、电解液渗透的不均匀性、电池充放电过程中温度变化的不均匀性等导致的局部原因引起的失效。上述几方面因素共同作用、相互影响，使负极材料在循环中容量衰减过快，因此要从多方面综合考虑减缓材料的衰减失效。

二、石墨烯负极材料的改性

（一）表面处理

1.表面氧化

表面氧化主要是在不规整电极界面（锯齿位和摇椅位）处生成酸性基团（如 -OH、-COOH 等），嵌锂前这些基团可以阻止溶剂分子的共嵌入并提高电极 / 电解液间的润湿性，减小界面阻抗，首次嵌锂时转变为羧酸锂盐和表面 -OLi 基团，形成稳定的 SEI 膜。此外，氧化可以除去石墨中的一些缺陷结构，产生的纳米级微孔可作为额外的储锂空间，提高储锂容量。

表面氧化通常包括气相氧化和液相氧化两种。

气相氧化主要是以空气 O_2、O_3、CO_2、C_2H_2 等气体为氧化剂，与石墨进行气 - 固界面反应，减少石墨表面的活性点，降低首次不可逆容量损失，同时生成更多的微孔和纳米孔道，增加锂离子的存贮空间，这有利于提高可逆容量，改善石墨负极性能。例如，利用气相氧化法在 550℃的空气气氛中对天然石墨进行氧化处理，处理后石墨的电化学性能可得到提高；在不同温度的空气气氛下对石墨氧化一定时间，电化学性能测试结果发现，通过氧化处理在除去活性高的缺陷结构的同时，增加了纳米级微孔及通道的数目，材料的可逆容量从 $251 \ mAh \cdot g^{-1}$ 提高到 $350 \ mAh \cdot g^{-1}$，同时电极的循环稳定性得到了很大提高；对石墨进行微氧化后，石墨颗粒表面的边缘部分出现卷曲与刻蚀现象，电化学性能测试结果表明微氧化后锂离子更容易从结构中脱出，材料的脱锂容量可从 $345.5 \ mAh \cdot g^{-1}$ 增至 $381.4 \ mAh \cdot g^{-1}$，且循环性能得到改善。因此，对石墨进行气相氧化可以明显改善其电化学性能。但是，由于气相氧化反应是在气 - 固界面上进行的，不易控制对材料氧化的均匀性和重现性，并且会产生 CO、CO_2 等对环境不利的气体，消耗巨大能量，因而产业化操作困难。

液相氧化主要是采用 HNO_3、H_2SO_4、H_2O_2 等强化学氧化剂的溶液为氧化剂与石墨反应，改善其电化学性能。例如，将石墨在 H_2SO_4 的（NH_4）$_2S_2O_8$ 饱和溶液中液相氧化，效果不明显，进一步经 LiOH 处理的可逆容量增至 349 $mAh \cdot g^{-1}$，首次库仑效率有一定提高。用溶液对石墨表面进行氧化处理时，如果控制不当，就有可能使石墨层崩溃，因此必须考虑引入的杂质是否会对电极性能不利。

2.表面氟化

在碳材料表面进行化学处理，除了表面氧化外，还有对天然石墨进行卤化处理。通过卤化处理，在天然石墨表面形成 C-F 结构，能够加强石墨的结构稳定性，防止在循环过程中石墨片层的脱落。同时，天然石墨表面卤化还可以降低内阻，提高容量，改善充放电性能。例如，利用含有 5at% 氟气的气体在 550℃下氟化处理天然石墨，处理后天然石墨的电化学性能和循环性能都能得到提高。再如，利用 ClF_3 对不同粒径的天然石墨进行处理，处理后石墨表面存在元素 F 和 Cl，小粒径的天然石墨比表面减小，首次充放电效率可提高 5% ～ 26%。

氧化或氟化改性的效果与所采用石墨的种类有很大的关系，并且仅仅通过氧化或氟化，石墨电化学性能的改善有限，不能满足实际应用的要求。因此，采用先氧化或氟化再包覆来改善石墨的电化学性能可取得较好的效果。

（二）表面包覆

石墨负极材料的表面包覆改性主要包括碳包覆、金属或非金属及其氧化物包覆和聚合物包覆等。通过表面包覆实现提高电极的可逆比容量、首次库仑效率、改善循环性能和大电流充放电性能的目的。石墨材料表面包覆改性的出发点主要有以下两点：通过表面包覆，减小石墨的外表面积，从而减少因石墨过大的外表面积形成过多的 SEI 膜消耗额外的锂，提高材料的首次库仑效率；通过表面包覆，减少石墨外表面的活性点，使表面性质均一，避免溶剂的共嵌入，减少不可逆损失。

1.无定形碳包覆

在石墨外层包覆一层无定形碳制成"核－壳"结构的 C/C 复合材料，使无定形碳与溶剂接触，避免溶剂与石墨的直接接触，阻止因溶剂分子的共嵌入导致的石墨层状剥离，这一方面可解决电极材料循环稳定性的问题，另一方面可扩大溶剂的选择范围，使高电导率的电解液体系可以利用，从而改善电池的倍率性能。无定形碳的层间距比石墨的层间距大，且其乱层结构使锂离子的"垂直"短程插入机会大大增加，锂离子在其中扩散加快，相当于减小了石墨择优取向的影响和电化学极化，使倍率性能得以改善。

以酚醛树脂为碳源，通过液相法在球形石墨表面包覆不同量的热解无定形碳的过程中，包覆层避免了充放电过程中溶剂离子的共嵌入，使包覆后石墨负极的循环稳定性和可逆容量得到了很大的提高。除此之外，还可利用喷雾干燥法在天然石墨和氧化处理后的石墨表面包覆酚醛树脂热解无定形碳。无定形碳的多孔结构提供了更多的储锂空间，同时氧化产生的缺陷和裂缝等缓冲了石墨在充放电过程中的体积膨胀，因此制备的改性石墨材料具有较高的可逆容量（378 mAh·g⁻¹），首次效率可由 67% 提高到 89.9%，表现出优异的循环性能和可逆容量。另外，采用人造石墨作为核心、环氧树脂热解无定形碳作为外层包覆材料也可制备改性石墨材料，在 1C 充放电时仍保持有 200 mAh·g⁻¹ 的容量。这主要是由于外层的无定形碳防止了石墨核心材料在插锂过程中的剥落现象，改进了锂离子在材料中的扩散性能。

2.金属或非金属及其氧化物包覆

与金属或非金属氧化物的复合主要是通过在石墨表面沉积一层金属或金属氧化物而实现的。包覆金属可以提高锂离子在材料中的扩散系数，改善电极的倍率性能，并且金属层的包覆也可以在一定程度上降低材料的不可逆容量，提高充放电效率。

例如，可采用机械熔合技术合成 nano-NiO 和 nano-Fe_2O_3 包覆石墨复合材料。由于表面的 nano-Fe_2O_3 能阻止电解液和石墨间的反应，抑制石墨层的膨胀剥落，因此该复合材料的不可逆容量可从包覆前的 7.98% 降低到 0.38%，循环性能得到改善。

3.元素掺杂

在石墨材料中，有选择地掺入某些金属元素或非金属元素，将改变石墨微观结构和电子状态，进而影响石墨负极的嵌锂行为。目前，元素的掺杂石墨改性可分为以下三类：

（1）元素掺杂对锂无化学和电化学活性，但可以改进石墨类材料的结构。例如，将 B 掺入 C 使石墨更容易得到电子，有助于提高储锂容量。同时，引入 B 能提高石墨化程度，改善石墨的倍率性能。类似的元素还有 N、P、K、S 等。

（2）掺杂元素是储锂活性物质，可与石墨类材料形成复合活性物质，发挥二者协同效应。例如，应用高能球磨技术可制备纳米级石墨 / 锡复合负极材料，锡被石墨基体包裹，锡的加入能提高材料的储锂容量，改善材料的循环性能。

（3）掺杂元素无储锂活性，但可以增强石墨类材料的导电性，使电子更均匀地分布在石墨颗粒表面，减小极化，从而改善其大电流充放电性能，如 Cu、Ni、Ag 等。例如，当石墨中 Ni 的质量分数为 10% 时，首次库仑效率可提高到 84%，可逆容量增加 $30 \sim 40$ mAh·g^{-1}。

4. 其他改性方法

除了上面几种常用的对石墨负极材料改性的方法外，还有表面还原、等离子处理、在石墨表面包覆一层固体电解质薄膜等改性方法。由于各种原因，石墨表面必然存在一定的含氧有机官能团（—OH、—COOH）和吸附杂质，它们对天然石墨在首次充放电过程中溶剂的分解以及 SEI 膜的形成都将造成负面影响，导致不可逆容量增加。用还原剂对石墨进行表面还原处理，除了可减少电极表面过多的含氧官能团外，还可使电极材料表面规整化、平面化，提高电极界面的稳定性，降低 SEI 膜脆性破坏的可能。

无论是氧化、包覆、掺杂其他元素还是还原改性，其都能够在不同程度上改变石墨的界面性质和电子状态，降低表面溶剂分解反应的活性，从而提高石墨负极材料的脱锂容量，减小首次不可逆容量，延长寿命；也能够提高石墨负极的导电性和锂的扩散速率，改善大电流充放电性能和循环性能。虽然这些方法可以从不同角度对石墨性能进行改善，但可以在成本允许的条件下将两种或两种以上的单一改性方法进行结合。今后石墨改性的重点仍是降低成本、提高循环性能和充放电性能等方面。

三、石墨负极材料生产现状

天然石墨的种类比较多，根据结晶形态的不同，可以将其分为土状石墨（隐晶质石墨）、鳞片石墨（晶质石墨）和块状石墨。我国石墨资源储量世界第一，其中鳞片石墨的储量超过 3 000 万吨，主要分布在黑龙江、山东、内蒙古等；土状石墨储量超过 1 200 万吨，主要分布在湖南、吉林等。

锂离子二次电池负极材料中使用的天然石墨一般是天然球形石墨。其石墨化度非常高，一般在 95% 以上，并且导电性能好，具有良好的层状结构，易于锂离子的嵌入和脱出。由于天然石墨的储量丰富、价格低廉，且不需要额外的石墨化加工，所以是锂离子二次电池负极材料的优选，也是人们争相研究的热点。目前，锂离子负极厂家对天然球形石墨主要采用包覆 - 碳化工艺处理，具体流程如下：用沥青作为包覆剂，将天然石墨用高速混合机混合包覆，然后碳化处理，最后除磁筛分。

人造石墨负极材料的原料分为煤系、石油系两大类。按照焦炭品质又可以分为针状焦、石油焦、等方焦和炭微球等，其中针状焦及石油焦应用最广。容量高的负极一般采用针状焦为原材料，普通容量的负极一般采用石油焦作为原料。

　　目前，锂离子电池负极材料企业生产人造石墨负极材料主要采用如下工艺：将焦炭原料经过粗碎、制粉、整形以及石墨化处理，然后进行筛分、除磁和包装。详细工艺流程如图3-6所示。

图3-6　人造石墨负极材料的工艺流程

　　人造石墨负极材料的循环性能、安全性能、大倍率充放电效率、与电解液相容性等均优于天然石墨负极材料；另外，人造石墨负极材料具有更好的结构稳定性，同时具有更高的各向同性特征，这种特征在一定程度上增强了极片的压缩密度，提高了与电解液的浸润性，减少了极片的膨胀，对提高电池的整体寿命具有积极作用。

第四章 太阳能电池材料

第一节 太阳能电池概述

一、太阳能电池的概念

太阳能电池又称光生伏特电池，简称光电池。它是一种将太阳或其他光源的光能直接转换成电能的器件。由于它具有重量轻、使用安全、无污染等特点，在目前世界性能源短缺和环境保护形势日益严峻的情况下，人们对太阳能电池寄予厚望。太阳能电池很可能成为未来电力的重要来源，如在卫星和宇宙飞船上都用太阳能电池作为电源。

二、太阳能电池的基本结构

太阳能电池用半导体材料制成，多为面结合 pn 结，靠 pn 结的光生伏特效应产生电动势，常见的有硅光电池和硒光电池。

在纯度很高、厚度很薄（0.4 mm）的 n 型半导体材料薄片的表面，采用高温扩散法把硼扩散到硅片表面极薄一层内形成 p 层。位于较深处的 n 层保持不变，在硼所扩散到的最深处形成 pn 结。从 p 层和 n 层分别引出正电极和负电极，上表面涂有一层防反射膜，其形状有圆形、方形、长方形，也有半圆形。

三、太阳能电池的基本原理

（一）太阳能电池的工作过程

太阳能电池是一种可以直接将太阳能转变为电能的电子器件。阳光照射到太阳能电池上会产生电流和电压，进而输出电能。这个过程首先需要合适的材料，光被材料吸收以后电子跃迁到高能级；其次高能级的电子能够从太阳能电池运动到外部电路，电子在外部电路中消耗其能量最终返回到太阳能电池。很多材料和过程都可以满足光伏能量转换的要求，但是在实际应用中几乎所有的光伏能量转换都是使用了具有 pn 结结构的半导体材料。图 4-1 为太阳能电池工作过程示意图，该过程分为以下几个基本步骤：

（1）光生载流子的产生。

（2）光生载流子收集，由此产生电流。

（3）贯穿电池的电压的形成。

（4）在负载或者寄生电阻中能量的损耗。

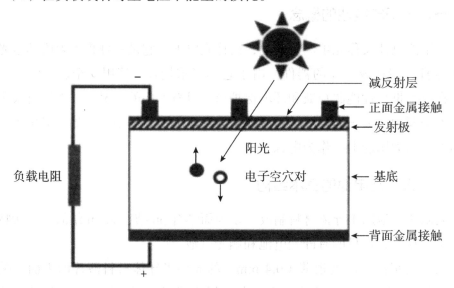

图 4-1 太阳能电池工作过程示意图

（二）太阳能电池的工作原理

1. pn 结

p 型半导体中，自由电子为少数载流子（少字），空穴为多数载流子（多子）；n 型半导体中，自由电子为多数载流子（多子），空穴为少数载流子（少子）。将 p 型半导体和 n 型半导体紧密地结合在一起，在两者接触面的位置就形成了一个 pn 结。pn 结是电子技术中许多元件的物理基础，如图 4-2 所示。

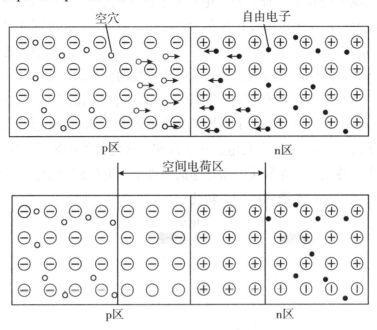

图 4-2　pn 结结构示意图

　　p 型半导体和 n 型半导体接触时，接触面处同一种载流子由于浓度差而发生移动。p 区的多子空穴向 n 区扩散，同时 n 区的多子电子向 p 区扩散，这种由于浓度差引起的运动叫作载流子的扩散运动。在扩散运动的同时，空穴和自由电子也会发生复合，这就造成 p 区一侧失去空穴，留下带负电的杂质离子，n 区一侧失去电子，留下带正电的杂质离子。这些带电杂质离子不能任意移动，在 p 区和 n 区交界面附近形成了一个空间电荷区。空间电荷区形成以后，由于正负电荷之间的相互作用，在空间电荷区形成了内建电场，其方向是从带正电的 n 区指向带负电的 p 区。在扩散运动逐渐增强的同时，内建电场也逐渐增强，这个电场方向与载流子的扩散运动方向相反，阻止扩散。另一方面，内建电场促使 p 区的少子电子向 n 区移动，n 区的少子空穴向 p 区移动。这种在内建电场作用下发生的少数载流子移动的运动叫作漂移运动，扩散运动和漂移运动方向相反，彼此相互影响。由于浓度差引起的扩散运动和由于电势差引起的漂移运动的载流子数量相等时，就形成了动态平衡的空间电荷区，也就形成了 pn 结。

2.光生伏特效应

光生载流子的收集本身不会发电。为了产生电能，必须生成电压和电流。在太阳能电池中产生电压的过程被称为"光生伏特效应"，如图 4-3 所示。当光照射到 pn 结上时，产生电子-空穴对，在半导体内部 pn 结附近生成的载流子没有被复合而到达空间电荷区，受内建电场的作用，电子流入 n 区，空穴流入 p 区，结果使 n 区储存了过剩的电子，p 区有过剩的空穴。它们在 pn 结附近形成与势垒方向相反的光生电场。光生电场除了部分抵消势垒电场的作用外，还使 p 区带正电、n 区带负电，在 n 区和 p 区之间的区域就产生了电动势，这就是光生伏特效应。在外接电路导通的条件下，光生载流子会以光生电流的形式流经负载，实现光能到电能的转化。

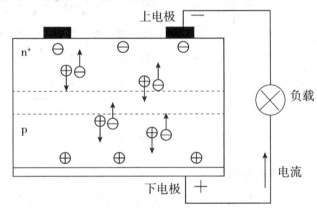

图 4-3　光生伏特效应示意图

四、太阳能电池的基本特性

（一）短路电流

太阳能电池的短路电流等于其光生电流。分析短路电流的最方便的方法是将太阳光谱划分成许多段，每一段只有很窄的波长范围，并找出每一段光谱所对应的电流，电池的总短路电流是全部光谱段贡献的总和，在实际的半导体表面的反射率与入射光的波长有关，一般为 30%～50%。为防止表面的反射，在半导体表面制备折射率介于半导体和空气折射率之间的透明薄膜层。这个薄膜层称为减反射膜。将具有不同折射率的氧化膜重叠两层，在满足一定的条件下，就可以在更宽的波长范围内减少折射率。此外，也可以采用将表面加工成棱锥体状的方法，来防止表面反射。

（二）开路电压

当太阳能电池处于开路状态时，对应光电流的大小产生电动势，这就是开路电压。在较弱阳光时，硅太阳能电池的开路电压随光的强度作近似直线的变化；而当有较强的阳光时，开路电压则与入射光的强度的对数成正比。

（三）太阳能电池的输出特性

为了描述电池的工作状态，往往将电池及负载系统用一等效电路来模拟。在恒定光照下，一个处于工作状态的太阳能电池的光电流不随工作状态而变化，在等效电路中可把它看作是恒流源。光电流一部分流经负载 R_L，在负载两端建立起端电压 U，反过来它又正向偏置子 pn 结二极管，引起一股与光电流方向相反的暗电流 I_{bk}。这样，一个理想的 pn 同质结太阳能电池的等效电路就被绘制出来，如图 4-4 所示。

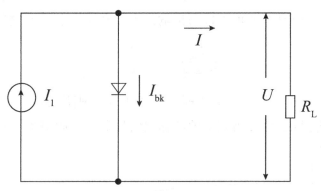

图 4-4 pn 同质结太阳能电池等效电路——不考虑串并联电阻

但是，由于前面和背面的电极和接触，以及材料本身具有一定的电阻率，基区和顶层都不可避免地要引入附加电阻。流经负载的电流经过它们时必然会引起损耗：在等效电路中，可将它们的总效果用一个串联电阻 R_S 来表示。电池边沿的漏电和制作金属化电极时在电池的微裂纹、划痕等处形成的金属桥漏电等，使一部分本应通过负载的电流短路，这种作用的大小可用一个并联电阻 R_{sb} 来等效。其等效电路就绘制成图 4-5 的形式。其中，暗电流等于总面积 A_T 与 I_{bk} 乘积，而光电流 I_L 为电池的有效受光面积 A_E 与 I_L 的乘积，这时的结电压 U_j 不等于负载的端电压。

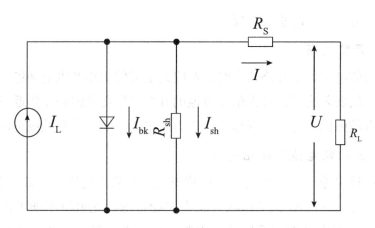

图4-5 pn同质结太阳能电池等效电路—考虑串并联电阻

由图4-4～4-5可知：

$$U_j = IR_s + U \qquad (4-1)$$

根据图4-4和图4-5就可以写出输出电流和输出电压U之间的关系为

$$I = \frac{R_{sb}}{R_s + R_{sb}}\left[I_L - \frac{U}{R_{sb}} - I_{bk}\right] \qquad (4-2)$$

当负载R_L从0变化到无穷大时，输出电压V则从0变到V_{OC}，同时输出电流便从I_{SC}变到0，由此得到电池的输出特性曲线，如图4-6所示。

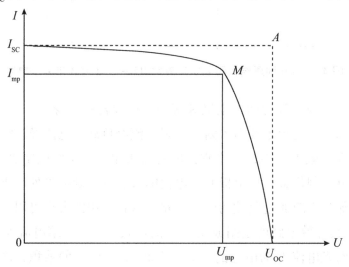

图4-6 太阳能电池的输出特性

曲线上任何一点都可以作为工作点，工作点所对应的纵横坐标，即为工作电流和工作电压，其乘积 $P=IU$ 为电池的输出功率。在太阳能电池的输出特性图上，总能找到一点 M，使对应的 IU 为乘积最大，此点即为最大功率输出点。

转换效率是表示在外电路连接最佳负载电阻 R 时，得到的最大能量转换效率，其定义为

$$\eta = \frac{P_{\max}}{P_{\text{in}}} = \frac{I_{\text{mp}} U_{\text{mp}}}{P_{\text{in}}} \qquad (4-3)$$

即电池的最大功率输出与入射功率之比。

太阳能电池的光谱响应是指光电流与入射光波长的关系，设单位时间波长为 λ 的光入射到单位面积的光子数为 $\phi_0(\lambda)$，表面反射系数为 $p(\lambda)$，产生的光电流为 I_{L}，则光谱响应 $SR(\lambda)$ 定义为

$$SR(\lambda) = \frac{I_{\text{L}}(\lambda)}{q\Phi_0(\lambda)[1 - \rho(\lambda)]} \qquad (4-4)$$

其中，$I_{\text{L}} = I_{\text{L}}\big|_{\text{顶层}} + I_{\text{L}}\big|_{\text{势类}} + I_{\text{L}}\big|_{\text{基区}}$。

五、太阳能电池的分类

（一）硅基太阳能电池

硅基太阳能电池的本质是半导体材料，按其构成可以分成三类，分别是单晶硅太阳能电池、多晶硅薄膜太阳能电池以及非晶硅薄膜太阳能电池。硅基太阳能电池吸收太阳光，通过在材料中的光电转换进行反应，产生电流蓄积能量，完成电池的工作。在众多太阳能电池中，硅基太阳能电池的技术无疑是最为成熟的，其具有光电转换效率高、寿命长、使用方便、原料丰富等优点，因此在今后的太阳能电池发展中具有极大潜力。例如，松下公司制备的单晶硅太阳能电池的光电转换效率达到了 26%，与晶体硅的理论效率 29% 已经非常接近了。相对单晶硅电池而言，多晶硅的成本较低，但转换效率往往不及单晶硅。非晶硅薄膜电池的转换效率低于晶体硅太阳能电池，而且存在光衰退的现象，其稳定性和转换率有待进一步提高。

硅基太阳能电池经过几十年的研究和发展，其目标致力于不断降低光伏发电成本，目前已经取得了一些成就，如单位电池中控制使用的硅基原料量，不断提高光电转换的效率，使用新工艺制作越来越薄的商用化电池。然而，硅基太阳能电池的成本依然成为限制其在电池行业乃至能源产业中的最大因素，无论是国内市场还是国外市场都面临着巨大的挑战和机遇。

（二）有机聚合物太阳能电池

有机聚合物太阳能电池是一类以有机材料为基础的光电转换材料。它的主要原理是利用有机化合物材料以光伏效应而产生电压，形成电流实现太阳光向电能的转换。有机聚合物太阳能电池的突出优势在于使用的原料为聚合物分子，其成本低廉，工艺简单，可塑性强，便于实现柔性可折叠的透明电极等。尤其在近几十年的发展过程中，有机聚合物太阳能电池材料在器件制备以及材料合成等方面得到了充分的应用。最近的研究表明，研究者通过不断优化制备条件，在实验室条件下将有机聚合物太阳能电池的转换效率提升到了10%以上。尽管与之前提到的传统硅基太阳能电池相比还有一定的差距，如容量不够大、规模生产转化效率低等，但是有机聚合物太阳能电池使用的原料安全，而且原料种类繁多，可提供更大的选择空间，这使这类电池有着很大的应用潜力。同时，广大科研工作者也在积极研究，致力于开发具有效率更高、容量更大的有机聚合物太阳能电池材料。

（三）染料敏化太阳能电池

染料敏化太阳能电池利用光敏材料如纳米二氧化钛和光敏染料，模拟自然界植物中的叶绿素进行光合作用，将太阳光转换成人们需要的电能。与其他传统太阳能电池相比，染料敏化太阳能电池具有独特的优点，如制备设备易操作、制作工艺更加简单、生产过程中厂房设施中不需高洁净度等，因此这种太阳能电池的制作成本十分低廉，制作一块染料敏化太阳能电池的价格仅为传统太阳能电池的1/10～1/5。该电池常用的材料如纳米二氧化钛、电解质、染料等，在目前国内外市场都十分容易获得。同时，染料敏化太阳能电池具有普适的工作条件，对光线的要求较低，即使在阴天光线不足的情况下也能工作。因此，染料敏化太阳能电池是一类十分具有实现产业化进行实际生产应用的材料，具有极大的发展潜力。

但是，染料敏化太阳能电池仍存一些问题。目前，其作为电池材料的转化效率不高，最高只有11%，远远低于传统的其他类电池材料。因此，要实现这一低成本的新型材料投入生产并真正使用，还需进一步提高染料敏化太阳能电池的转化效率。另外，该类电池使用的稳定性较低，长期使用会出现转换率降低乃至失效的情况，这也成为一大限制其发展的原因。总之，要想将这种性价比高的太阳能电池真正应用在我们的日常生活中，还需要广大科研工作者的不懈努力。

（四）有机－无机杂化太阳能电池

有机－无机杂化太阳能电池主要以钙钛矿材料为代表，具有十分广阔的应用前景。钙钛矿结构材料是由俄国矿物学家列夫·佩罗夫斯基发现的，它的晶型是一种 ABX3 结构，其中 X 一般多为卤素原子或氧原子。2009 年世界上首次报道的钙钛矿太阳能电池的转换率仅有 3.8%，之后这一类电池得到科学界广泛的关注，2013 年 *Science* 杂志将其列为十大科技突破之一，而且目前其转换效率已经可以达到 20% 以上。

有机－无机杂化钙钛矿电池的发展经历了两个阶段，分别是液态电解质钙钛矿电池和全固态钙钛矿电池。第一种有机－无机杂化钙钛矿材料的液态电解质易挥发，稳定性较差，因此科学家渐渐开始将注意力转向研究固态太阳能电池。全固态钙钛矿太阳能电池的优点很多，相对液态电解质钙钛矿电池，其光电转换效率更高，具有更大的开路电压，且弥补了液态电解质存在的问题，如易挥发、易泄漏、难封装等。

虽然目前钙钛矿太阳能电池的光电转化效率高，发展前景被人看好，但钙钛矿太阳能电池还有一个问题需要解决——面积过小，一般情况下其电池的面积不超过 0.1 cm²。因此，实现钙钛矿太阳能电池广泛应用的关键在于制造出大面积且高效的转换材料。

第二节　硅基太阳能电池材料及制备技术

硅材料是目前世界上最主要的元素半导体材料，在半导体工业中有广泛的应用，是电子工业的基础材料。其中，单晶硅材料是目前世界上人工制备的晶格最完整、体积最大、纯度最高的晶体材料。

一、硅材料的结晶学基础

硅材料按结晶形态划分，可分为多晶硅、单晶硅和非晶硅。其中，多晶硅分为高纯多晶硅、薄膜多晶硅、带状多晶硅和铸造多晶硅。多晶硅和单晶硅又可以统称为晶体硅。金属硅是高纯度硅，也是有机硅等硅制品的添加剂。高纯多晶硅则是铸造多晶硅、区熔单晶硅和直拉单晶硅的原料，而非晶硅薄膜和薄膜多晶硅主要是由高纯硅烷气体或其他含硅气体在一定条件下分解或反应而得到的。

单晶硅是最重要的晶体硅材料，根据晶体生长方式的不同，可以分为区熔单晶硅和直拉单晶硅两种。区熔单晶硅是利用悬浮区域熔炼（float zone）的方法制备的，所以又称为FZ硅单晶；直拉单晶硅是利用切氏法（czochralski）制备的，又称为CZ单晶硅。这两种单晶硅具有不同的特性和不同的器件应用领域：区熔单晶硅主要应用于大功率器件方面，只占单晶硅市场很小的一部分，在国际市场上约占10%；而直拉单晶硅主要应用于微电子集成电路和太阳能电池方面，是单晶硅利用的主体。与区熔单晶硅相比，由于直拉单晶硅的制造成本相对较低、机械强度较高、易制备大直径单晶，所以太阳能电池领域主要应用直拉单晶硅，而不是区熔单晶硅。

（一）晶体的熔化和凝固

在自然界中构成物质的分子、原子都处于不停的热运动中，其运动的强弱受到环境的影响（如温度、压力等）。温度降低，原子热运动减小；温度上升，原子热运动加剧。当温度上升到物质的熔点时，晶体内原子热运动的能量会积累得很高，达到足以使晶体的完整性遭到破坏（原子结合破坏）的程度。但是，由于完整晶体内原子之间固有的结合力较大，温度虽然已达到熔点，但晶体内原子的热运动能量还未能克服所谓"晶格能"的束缚，因此还必须继续供给晶体热量，使晶体内原子的热运动进一步增加，克服"晶格能"的束缚作用，这样晶体结构才能被破坏，从而由固态变成液态或非晶态。这一过程叫作晶体的熔化。

与熔化相反的过程叫作凝固，也叫结晶，即由液态向固态晶体转化。

用热分析方法可以测定晶体的熔化或凝固温度。在极其缓慢的加热或冷却过程中，每隔一定时间测定晶体或液体的温度，然后绘出成温度与时间的关系曲线，如图4-7所示。

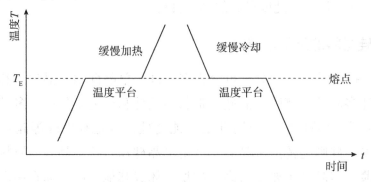

图4-7　晶体加热或冷却的理想曲线

从图4-7中可以看出，加热时有一段时间温度保持不变，即"温度平台"。这一平台相对应的温度就是该晶体的熔点。在理想情况下，凝固也同样有一个平台，两个平台对应的温度是一致的。晶体熔化时吸收的热能为熔化热，结晶时放出的能量为结晶潜热。

一般说来，晶体的熔点愈高，它的熔化热（或结晶潜热）也愈大。硅的熔点为（1 416±4）℃，它的熔化热（或结晶潜热）为12.1 kcal/mol。

（二）结晶过程的宏观特征

理想情况下的熔化和凝固曲线，与实际结晶和熔化的曲线不同。实际冷却速度不可能无限缓慢，冷却曲线会出现如图4-8所示的情况。这三条曲线表明：液体必须有一定的过冷度，结晶才能自发进行，即结晶只能在过冷熔体中进行。"过冷度"是指实际结晶温度与其熔点的差值，用ΔT表示。冷却条件相同熔体不同，ΔT不同；同一熔体冷却条件不同，ΔT也不同。对特定的熔体来说，ΔT有一个最小值，称为亚稳极限，以ΔT^*表示，若过冷度小于这个值，结晶几乎不能进行或进行得非常缓慢，只有ΔT大于ΔT^*时，熔体结晶才能以宏观速度进行。

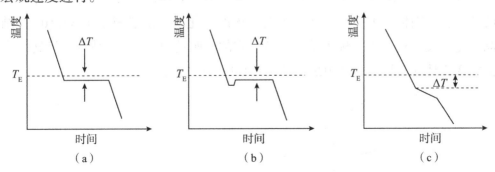

图4-8　结晶熔体的实际冷却曲线

结晶过程伴随着结晶潜热的释放，在冷却曲线上有明显的反应。释放出的结晶潜热速率小于或等于散发热量的速率时，结晶才能继续进行，一直到熔体完全凝固，或者达到新的平衡。潜热释放速率大于散发的热能，温度升高，一直到结晶停止进行，达到新的平衡。有时局部区域还会发生回熔现象。因此，结晶潜热的释放和逸散是影响结晶过程的重要因素之一。图4-8（a）～（c）中的曲线中各转折点表示结晶的开始或终结，其中图4-8（a）所示为接近于平衡过程的冷却，结晶在一定过冷度下开始、进行和终结。在这种情况下，潜热释放和逸散相等，结晶温度始终保持恒定，完全结晶后温度才下降。图4-8

（b）为结晶在较大过冷度下开始，结晶较快，释放的结晶潜热大于热的逸散，温度逐渐回升，一直到二者相等。此后，结晶在恒温下进行，一直到结晶过程结束温度才开始下降。图4-8（c）为结晶在很大的过冷度下开始，潜热的释放始终小于热的逸散，结晶始终在连续降温过程中进行。结晶终结，温度下降更快。图4-8（c）所示的情况只能在体积较小的熔体中或大体积熔体的某些局部区域内才能实现。

在熔点以上的温度时，液体是稳定的，所以固态势必向液态转化，即熔化；反之，在熔点以下的温度时，固态是稳定的，液态会自动向固态转变，即结晶；如果处在熔点温度，结晶和熔化速率相等，处于固液共存的平衡态。因此，熔体过冷是自发结晶的必要条件。

（三）结晶的动力

结晶的过程可以近似为等温等压过程。根据热力学系统自由能理论，当系统变化使系统的自由能减小时，过程才能进行下去。当温度大于晶体的熔点 T_m 时，液体自由能 G_L 低于固体自由能 G_S，从液体向固体的变化，自由能增大（$\Delta G>0$），结晶不能进行下去。当温度小于晶体的熔点 T_m 时，液体自由能 G_L 高于固体自由能 G_S，从液体向固体的变化，自由能减小（$\Delta G<0$），结晶就能自发进行下去，称为结晶具备一定的"驱动力"。这一体系固液转变自由能变化情况与结晶驱动力之间的关系如图4-9所示。

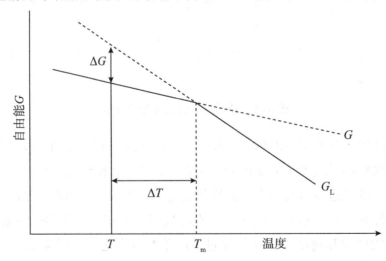

图4-9　固液相自由能曲线示意图

（四）晶核的形成

晶体材料的结晶是晶体在熔体中从有到无再由小到大的成长过程。从无到有称为"成核"，由小到大称为"长大"。"成核"的形式有两种：一是由于熔体过冷，自发产生晶核，叫作"自发成核"；二是借助外来固态物质的帮助，如在籽晶、坩壁、熔体中的非溶性杂质等基础上产生晶核，叫作"非自发成核"。

1.自发成核

晶体熔化成液态（熔体）后，作为宏观的固态结构已被破坏，但在熔体中的近程范围内（几个或几十个原子范围内），依然会存在规则排列的原子团，这些原子团因原子的热运动瞬间聚集而又瞬间散开。这种在极小范围有序集聚的原子被称为"晶胚"。由于"晶胚"的存在，熔体结构与气态相比更接近固态。

一旦熔体具有一定的过冷度，晶胚就会长大，当晶胚长大到一定的尺寸时，就称为晶核，晶核再继续长大便是结晶的开始。

晶胚的临界半径 r_c 的大小与熔体的过冷度有直接关系。过冷度越大，临界半径越小，就越容易形成晶核；过冷度越小，临界半径越大，就越不容易产生晶核。所以，有时尽管熔体有过冷度，但因为过冷度太小，晶胚的尺寸未超过临界半径，形成不了晶核，只能处于亚稳定状态，并有可能被熔化进入熔体。此时并没有结晶的可能。

2.非自发成核

非自发成核就容易多了。例如，籽晶插入熔体后，籽晶就起到了结晶核心的作用，熔体中的原子按照一定的运动轨迹向籽晶输运，籽晶成了非自发成核的"外来晶胚"。再如，当熔体温度高于熔点并不太高时，熔体中总是存在非熔性杂质，或者坩壁上的某些部位，都可能成为成核的基底而生成非自发晶核。非自发晶核形成时所需要的"形成功"比自发晶核形成时所需的"形成功"小，因而非自发晶核更容易形成。

从上面的分析可以得出下面的启示：由于非自发成核较自发成核容易得多，采用插入晶核（籽晶）的办法，就较容易促使晶体成核和长大。只要在生长区以外的其他区域过冷度小于 ΔT^*，就不会有另外的晶核形成，就可以保证晶体的择优生长而形成单晶体。这可以通过在熔区内形成一定的温度梯度和严格控制热流方向来实现。另外，在生长区以外的其他区域也不允许存有其他的非自发核心，如石英、石墨、氧化物（多晶的氧化夹层等）等固体微粒，否则单晶生长就会被破坏。

3.二维晶核的形

设想有一个晶面，其上既无台阶也无缺陷，是一个理想的平面，当单个孤零零的液相原子扩散到这个晶面上时，由于相邻的原子数太少，结合力很小，因此很难稳定。在这种状态下，可引入二维晶核模型进行结晶过程讨论。

由于熔体系统能量的涨落，某一定数量的液相原子差不多同时落在平滑界面上的邻近区域，形成一个具有单原子厚度 d 并有一定宽度的平面原子集团，称为二维晶核，如图 4-10 所示。根据结晶热力学分析，这个集团大小必须超过某个临界值才能稳定，称为晶核临界半径，如图 4-10 中的 r。二维晶核形成所需要的"形成功"及晶核临界半径 r，都与熔体的过冷度成反比。熔体过冷度越大，临界半径越小，成核越容易；反之，熔体过冷度越小，临界半径越大，成核所需的"形成功"越大，成核越困难。二维晶核形成后，它的周围便形成了台阶，此后熔体中的单原子受台阶的"吸引"发生"沉积"并沿台阶铺展生长，原子铺满整个界面一层，生长面又成为理想平面，又需依靠新的二维晶核形成；否则，晶体就不能继续生长。晶体用这种方式成核和生长，成长速率相当缓慢。这就是"二维成核，平面生长"的理论模型。

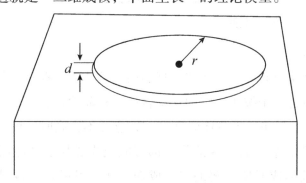

图 4-10　二维晶核结晶示意图

（五）晶体的长大

在单晶的生长过程中，晶核出现后就立即进入长大阶段。从宏观上来看，晶体长大是晶体界面向液相中推移的过程。微观分析表明，晶体长大是液相原子扩散到固相表面，按晶体空间点阵规律，占据适当的位置稳定地和晶体结合起来。为了使晶体不断长大，要求液相必须能连续不断地向结晶界面扩散供应原子，结晶界面不断地牢靠地接纳原子。液相不断地供应原子并不困难，但结晶界面不断地接纳原子就有一定条件了。接纳的快慢，取决于晶体长大的方式和长大的线速度，取决于晶体本身的结构（如单斜晶系、三斜晶系、四方晶系等）和晶体生长界面的结构（面密排程度、面间距等），取决于晶体界面的曲率等因素（凸形界面、凹形界面、其他形状的界面等）。在晶体长大的外部条件方面，生长界面附近的温度分布状况、结晶时潜热的释放速度和逸散条件等，对晶体长大方式和生长速率的影响也较大。结晶过程中，固相和液相间宏观界面形貌随结晶条件不同而不同。从微观原子的尺度衡量，晶体与熔体的接触界面大致有两类：一类是坎坷不平的、粗糙的，即固相与液相的原子犬牙交错地分布着；另一类界面是平滑的，具有晶体学的特征。

在图 4-11 中，界面 C 为平滑界面，这个界面是高指数晶面。由于液体中微观热运动的不平衡，以这样的晶面为结晶界面，必然会出现一些高度大约相当于一个原子直径的小台阶，如图 4-11 中 A 所示，而 B 所处的位置则相当于一个平滑的密集晶面。显然，由熔体扩散到晶体的原子，占据 A 处较之占据 B 处有较多的晶体原子为邻，易于与晶体牢靠结合起来，占据 A 处原子返回熔体的概率比占据 B 处的原子小得多。在这种情况下，晶体成长主要靠小台阶的侧向推移，依靠原子扩散推动。小台阶总是存在的，晶体可以始终沿着垂直于界面方向一层一层地稳步地向前推进。小台阶愈高，密度愈大，晶体成长的速度也愈快。一般来说，原子密度程度较小的晶面台阶较大，法向生长线速度较快。由此可见，晶体不同晶面的法向生长速率是不同的。法向生长速度较大的原子非密集面易于被法向成长慢的原子密集面制约，不容易沿晶面扩散；反之，法向生长线速度最小的晶面，沿晶面扩散快。这个关系可以示意性地用图 4-12 来说明。

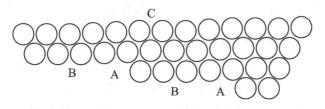

图 4-11　晶体与液体界面模型

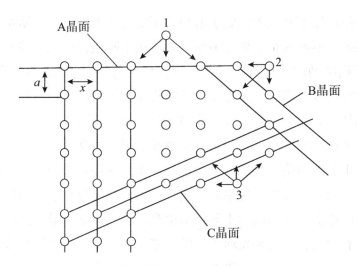

图4-12　面网密度对质点的吸引力

图4-12中，1号原子受三个相邻原子的吸引，一个距离近（为a），两个距离远（为$\sqrt{2}\,a$）；2号原子也受到三个相邻原子的吸引，但是两个距离近一个距离远，它受到的吸引就比1号原子强；3号原子受到四个相邻原子的吸引，两个距离近，另外两个距离远，它受到的吸引力又比2号原子大，因此3号原子最容易与晶体结合进入晶格座位，2号次之，1号再次之。换句话说，C晶面的法向生长线速率＞B晶面的法向生长线速率＞A晶面的法向生长线速率。从图4-12也可以看出，C晶面的原子密度最小，B晶面次之，A晶面最密。这说明原子密度程度越小的晶面，法向生长线速度越大。这种不同方向上生长线速度的差异，使非密集面逐渐缩小而密集面逐渐扩大，若无其他因素干扰，最后晶体将成为以密排面为外表面的规则晶体。

值得注意的是，除了吸引力大小之外，被接纳的原子必须先和晶体的结构相吻合，具备和晶体结构相同的方位，近乎相同的原子间距，才能有更大的可能与接收面相结合。在晶体结晶学上，一般称这种近似性为"共格关系"。

（六）生长界面结构模型

如前文所述，晶体长大时原子被晶面接纳并进入晶格座位，涉及的也只是单个原子。实际上，从熔体中生长单晶时，一般认为服从科赛尔理论：即在结晶前沿处，只有很薄的一层熔体是低于熔化温度的，其余部分的熔体都是处于过热状态。按照上面的结晶学基础，这层"薄膜晶体"的生长先在固液界面上形成二维晶核，然后侧向生长，直到铺满一层。

每一个来自晶核周边环境相的新原子进入晶格座位，实现结合最可能的座位应该是能量最低的位置。这意味着结晶原子结合成键时，最适宜的晶核座位应该是键数目最多、释放能量最多的位置。如图4-13中的（3），这个（3）位置处于三面相邻的位置，可与三个最近邻的原子成键，成键时放出的能量最多。其次，利于结合原子的位置是台阶前沿的原子（2）和（5），它们均和两个最邻近原子成键。晶体在扭折处不断生长延伸，最后覆盖整个生长界面。晶体继续生长，需要在界面上再一次形成二维晶核或产生新的台阶。

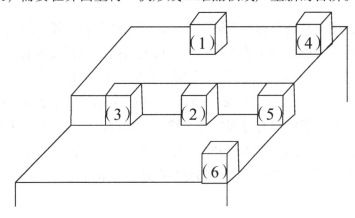

图4-13 原子在光滑界面上所有可能的不同生长位置

按照这个理论，新的层面开始形成时，单个原子难以在表面固定，晶体生长面仅仅是在生成二维晶核后才能继续生长。这个二维晶核的大小要超过一定的临界值才能长大，所以要求固相、液相具有一定的过冷度。

二、单晶硅太阳能电池的制备工艺

直拉法生长单晶的技术是由波兰的J.Czochralski在1917年首先发明的，所以又称为切氏法。1950年，Teal等将该技术用于生长半导体锗单晶，然后又利用这种方法生长直拉单晶硅。在此基础上，Dash提出了直拉单晶硅生长的"缩颈"技术，G.Ziegler提出了快速引颈生长细颈的技术，构成了现代制备大直径无位错直拉单晶硅的基本方法。目前，单晶硅的直拉法生长已是单晶硅制备的主要技术，也是太阳能电池用单晶硅的主要制备方法。

（一）直拉单晶硅的生长原理和工艺

直拉单晶硅的生长在直拉单晶炉中进行，直拉单晶炉的最外层是保温层，里面是石墨加热器，在炉体下部有一石墨托（又叫石墨坩埚）固定在支架上，可以上下移动和旋转，在石墨托上放置圆柱形的石墨坩埚，在石墨坩埚中置有石英坩埚，在坩埚的上方，悬空放置籽晶轴，同样可以自由上下移动和旋转。所有的石墨件和石英件都是高纯材料，以防止对单晶硅的污染。在晶体生长时，通常通入低压的氩气作为保护气，有时也可以用氮气或氮氩的混合气。

直拉单晶硅的制备工艺一般包括多晶硅的装料和熔化、种晶、缩颈（引晶）、放肩、等径和收尾等，下面对其主要步骤进行简要介绍。

1. 多晶硅的装料和熔化

先将高纯多晶硅块料粉碎至适当大小，并用硝酸和氢氟酸的混合酸液清洗外表面，以除去可能的金属等杂质，干燥后放入高纯的石英坩埚中。高档多晶硅原料可以不用粉碎和清洗而直接应用。在装料时，要注意多晶硅放置的位置，不能使石英坩埚底部有过多的空隙。因为多晶硅在熔化时，底部会先熔化，如果在石英坩埚底部有过多空隙，熔化后熔硅液面将与上部未熔化的多晶硅有一定空间，使多晶硅跌入熔硅中，造成熔硅外溅。同时，多晶硅不能碰到石英坩埚的上边沿，避免熔化时这部分多晶硅黏结在上边沿，而不能熔化到熔硅中。

装料完成后，将坩埚放入单晶炉中的石墨坩埚（石墨托）中，然后关闭阀门，将单晶炉内抽成一定真空（排除空气）。之后，充入一定流量的保护气体并保持一定的气压。加热炉体升温，使加热温度超过硅材料的熔点（1412℃），使其熔化并达到一定的过热。

2. 种晶

多晶硅熔化后，需要保温一段时间，以使熔硅的温度和流动达到稳定，然后再进行晶体生长。在硅晶体生长时，首先将单晶籽晶固定在旋转的籽晶轴上，然后将籽晶缓缓下降，距熔体液面数毫米处暂停片刻，使籽晶温度尽量接近熔硅温度，以减少可能的热冲击。其次，将籽晶轻轻浸入熔硅，使头部先少量溶解，然后和熔硅形成一个固液界面。最后，籽晶逐步上升，与籽晶相连并离开固液界面的熔融硅液体温度降低，形成单晶硅，此阶段称为"种晶"。

籽晶一般是已经精确定向好的单晶，可以是长方形或圆柱形，直径在5 mm左右。籽晶截面的法线方向就是直拉单晶硅晶体的生长方向，一般为[111]或[100]方向。籽晶制备后还需要化学抛光，去除表面损伤，避免表面损伤层中的位错延伸到生长的直拉单晶硅中，同时化学抛光可以减少由籽晶带来的可能的金属污染。

3. 缩颈（引晶）

去除了表面机械损伤的无位错籽晶，虽然本身不会在新生长的晶体硅中引入位错，但是在籽晶刚碰到液面时，热振动可能会在晶体中产生位错，此位错甚至能够延伸到整个晶体。因此，Dash 于 20 世纪 50 年代发明了"缩颈"技术，可以生长出无位错的单晶。

单晶硅为金刚石结构，其滑移系为（111）滑移面的 [110] 方向。通常单晶硅的生长方向为 [111] 或 [100]，这些方向和滑移面（111）的夹角分别为 36.16° 和 19.28°。一旦产生位错，就会沿滑移面向体外滑移，如果此时单晶硅的直径很小，位错很快就会滑移出单晶硅表面，而不是继续向晶体体内延伸，以保证直拉单晶硅中的无位错生长。

因此，"种晶"完成后，籽晶应快速向上提升，晶体生长速度加快，新结晶的单晶硅的直径将比籽晶的直径小，可达到 3 mm 左右，其长度约为此时晶体直径的 6 ~ 10 倍，称为"缩颈"阶段，也叫"引晶"阶段。但是，缩颈时单晶硅的直径和长度会受到所要生长单晶硅的总重量的限制，如果重量很大，缩颈时的单晶硅的直径就不能很细。

随着晶体硅直径的增大，晶体硅的重量也不断增加，如果晶体硅的直径达到 400 mm，其重量可超过 410 kg。在这种情况下，籽晶能否承受晶体重量而不断裂就成为人们所关心的问题。尤其是采用"缩颈"技术后，其籽晶半径最小处只有 3 mm。有研究者提出利用重掺硼单晶或掺锗的重掺硼单晶作为籽晶的想法，由于重掺硼可以抑制种晶过程中位错的产生和增殖，因此采用"无缩颈"技术同样可以生长无位错的直拉单晶硅，但这种技术在生产中还未得到证实和应用。

4. 放肩

"缩颈"完成后，晶体硅的生长速度将大大放慢，此时晶体硅的直径急速增大，从籽晶的直径增大到所需的直径，形成一个近 180° 的夹角。此阶段称为"放肩"。

5. 等径

当"放肩"达到预定晶体直径时，晶体生长速度开始加快，并保持几乎固定的速度，使晶体保持固定的直径生长。此阶段称为"等径"。

单晶硅"等径"生长时，在保持硅晶体直径不变的同时，要注意保持单晶硅的无位错生长。有两个重要因素可能影响晶体硅的无位错生长：一是晶体硅径向的热应力，二是单晶炉内的细小颗粒。在单晶硅生长时，坩埚的边缘和坩埚的中央存在温度差，有一定的温度梯度，这使生长出的单晶硅的边缘和中央也存在温度差。一般而言，该温度梯度随半径增大而呈指数变化，从而导致晶体硅内部存在热应力。同时，晶体硅离开固液界面后冷却时，晶体硅边缘冷却得快而中心冷却得慢，也加剧了热应力的形成。如果热应力超过了位错形成的临界应力，就能形成新的位错，即热应力诱发位错。另一方面，从晶体硅表面挥发出的 SiO_2 气体，会在炉体的壁上冷却形成 SiO_2 颗粒。如果这些颗粒不能及时排出炉体，就会掉入硅熔体中，最终进入晶体硅，破坏晶格的周期性生长，导致位错的产生。

在"等径"生长阶段，一旦生成位错就会导致单晶硅棒外形的变化，俗称"断苞"。一般情况下，单晶硅在生长时，其外形上有一定规则的扁平棱线，如果是 [111] 晶向生长，则有 3 条互成 120° 夹角的扁平主棱线；如果是 [100] 晶向生长，则有 4 条互成 90° 夹角的扁平棱线。在保持单晶硅棒的生长时，这些棱线连续不断，一旦产生位错，棱线将中断。这个现象可在生产中用来判断单晶硅棒是否正在按照无位错方式生长。

6.收尾

在单晶硅棒生长结束时，生长速度再次加快，同时升高硅熔体的温度，会使晶体硅的直径不断缩小，形成一个圆锥形，最终单晶硅棒离开液面，生长完成。这个阶段称为"收尾"。

单晶硅棒生长完成时，如果突然脱离硅熔体液面，其中断处就会受到很大的热应力，超过晶体硅中位错产生的临界应力，导致大量位错在界面处产生，同时位错向上部单晶部分反向延伸，延伸的距离一般能达到一个直径。因此，在单晶硅棒生长结束时，要逐渐缩小晶体硅的直径，直至很小的一点，然后再脱离液面，完成单晶硅生长。

（二）新型直拉单晶硅的生长技术

1.磁控直拉硅单晶生长

晶体硅生长过程中，由于熔体中存在热对流，晶体硅生长界面处将存在温度的波动和起伏，从而在晶体硅中形成杂质条纹和缺陷条纹。同时，热对流将加剧熔硅与石英坩埚的化学侵蚀等作用，使熔硅杂质中的氧浓度增大，最终进入晶体硅中。随着晶体硅直径的增大，热对流也会增强，因此抑制热对流对单晶硅的质量改善作用很大，特别是可以控制单晶硅中主要杂质氧的浓度。

利用磁场抑制导电流体的热对流，是磁控单晶硅生长的基本原理。一般情况下，在磁场中运动的带电粒子会受到洛伦兹力的作用

$$f = qvH \qquad\qquad (4-5)$$

式中：q 为电荷；v 为运动速度；H 为磁场强度。

由上式可知，具有导电性的硅熔体在移动时作为带电粒子，硅熔体会受到与其运动方向相反的作用力，从而使硅熔体在运动时受到阻碍，最终抑制坩埚中硅熔体的热对流。

在直拉单晶硅生长炉上外加电磁场抑制热对流时，磁场强度可达 1 000 ～ 5 000 Gs，磁场方向对抑制热对流的作用大有不同。在实际工艺中，一般有横向磁场、纵向磁场和非均匀磁场之分。所谓横向磁场，就是在炉体外围水平放置磁极，使硅熔体中与磁场方向垂直的轴向熔体对流受到抑制，而与磁场平行方向的熔体对流不受影响，即沿坩埚壁上升和沿坩埚的旋转运动被减少，但径向流动不减少。横向磁场生长获得的磁控单晶硅的氧浓度低，均匀性好，但是磁场设置的成本较高。纵向磁场则是在炉体外围设置螺线管，产生中心磁力线垂直于水平面的磁场，此时径向的熔体对流被抑制，而纵向的熔体不受影响，获得的单晶硅的氧浓度较高。为了克服上述两种磁场的弱点，多种非均匀性磁场技术不断发展，其中"钩形"磁场应用得最为广泛。该磁场是由两组与晶体同轴的平行超导线圈组成，在两组线圈中分别通入相反的电流，从而在单晶硅生长炉中产生"钩形"对称的磁场。

在直拉单晶硅生长时，增加磁场抑制了热对流，改善了晶体质量，但是增加了生产成本。在设计好温度场的情况下，磁场中晶体硅的生长速度可以有所提高，从而相对降低了生产成本。有研究表明，磁控单晶硅的生长速度可以达到普通单晶硅的两倍。但是，无论如何，磁控单晶硅的生产成本要高于普通单晶硅，主要应用于超大规模集成电路用大直径单晶硅（直径在 200 mm）的生产，在太阳能电池用小直径单晶硅的制备上基本不用。

2. 重装料直拉单晶硅生长

一般情况下，直拉单晶硅在收尾后会脱离液面完成晶体生长。但是，晶体需要继续保留在炉内，等到温度降低到室温后才打开炉膛，将单晶硅取出，而留在坩埚内的熔硅，由于热胀冷缩，有时会导致石英坩埚的破裂。因此，需要

及时更换破裂的坩埚。同时，需要清扫炉膛，然后重新装料，生长新的晶体硅。这个过程中需要较长的时间，而且更换高纯石英坩埚也增加了生产成本。基于此，重装料直拉单晶硅生长技术得到了发展。

重装料直拉单晶硅生长技术就是在单晶硅收尾后在籽晶轴上装上多晶硅棒，将多晶硅棒缓慢溶入硅熔体，从而达到增加硅熔体的目的。当新加入的多晶硅棒全部溶化后，重新安装籽晶，进行新单晶硅的生长。在此过程中，由于省去了单晶硅棒冷却和进、排气的时间，而且石英坩埚可以重复利用，大幅度降低了生产成本，因此在太阳能电池单晶硅的生产中得到了广泛应用。

3.连续加料直拉单晶硅生长

在直拉单晶硅生长时，如果在熔硅中不断加入多晶硅和所需的掺杂剂，使熔硅的液面基本保持不变，晶体硅生长的热场条件也就几乎保持不变，这样晶体硅就可以连续生长。在一根单晶硅棒生长完成后，移出炉外，装上另一根籽晶，就可以进行新单晶硅棒的生长。显然，连续加料直拉单晶硅生长可以节省大量的时间，也可以节省高纯坩埚的费用，从而大幅度降低单晶硅棒的生产成本。

下面介绍三种连续加料的技术：一是连续固态加料，也就是在晶体生长时将颗粒高纯多晶硅直接加入到熔硅中；二是连续液态加料，晶体生长设备分为熔料炉和生长炉两部分，熔料炉专门熔化多晶硅，可以连续加料，生长炉则专门生长晶体，两炉之间有输送管，通过熔料炉和生长炉之间的不同压力来控制熔料炉中的熔硅源源不断地输入到生长炉中，并保持生长炉中熔硅液面高度保持不变；三是双坩埚液态加料，即在外坩埚中放置一个底部有洞的内坩埚，两者保持相通，其中内坩埚专门用于晶体生长，外坩埚则源源不断地加入多晶硅原料，使内坩埚的液面始终保持不变，以利于单晶硅棒的连续生长。

从晶体生长看，连续加料直拉单晶硅技术可以节约时间、节约坩埚，但是晶体生长设备的复杂度大大增加，设备投资和维护的成本增加。因此，虽然连续加料生长直拉单晶硅的前景很好，但目前应用得并不是很广泛。

（三）太阳能用直拉三晶硅晶体生长

太阳能电池用直拉三晶晶体硅技术的优点是产品的机械强度较普通直拉单晶硅高很多，因而在制备太阳能电池的过程中，硅片的厚度可以被加工得很薄，达到150μm左右，从而降低单晶硅电池片的成本。

这种晶体与通常应用的 [111] 或 [100] 晶向的单晶硅是不同的，它是由三

个晶向都是 [110] 的单晶共同组成的。在三晶硅中存在三个孪晶界，它们都垂直于（110）面，在晶体中心相交，形成三星状，孪晶界之间夹角为120°。三晶硅的生长技术与传统的直拉法相比基本相同，但是用三晶硅作为籽晶可以有效地缩短晶体硅生长的时间。

然而，由于晶体生长方向是 [110] 晶向，引晶过程中在籽晶中形成的位错就不能通过 Dash 缩颈工艺被完全消除。所以，直拉三晶单晶硅不可能是无位错的晶体，而是具有一定的位错密度的晶体，这些位错通常成网络状分布在晶体中。在晶体头部，通常位错最大密度为 $10^5 cm^{-2}$ 左右，而在晶体的尾部位错密度可达到 $10^7 cm^{-2}$ 左右。

对于三晶硅而言，位错在 [110] 方向增殖的速度很小，不会形成多晶。进一步地，通过腐蚀观察，可以看到位错在孪晶界附近聚集。通常情况下，孪晶界被认为能够有效地阻止自由位错的滑移，所以三晶硅中孪晶界的存在也抑制了多晶的生成。因而，尽管晶体的头部存在密度为 $10^5 cm^{-2}$ 左右的位错，700 mm 以上长度的单晶硅棒依旧可以生长，而不会形成多晶结构。

另外，由于三晶硅片的晶向为 [110]，与普通太阳能用直拉单晶硅的晶向 [100] 不同，所以用 KOH 或 NaOH 腐蚀的方法，就不能在三晶硅表面制备金字塔绒面结构。与铸造多晶硅一样，目前三晶硅绒面制备主要是采用酸腐蚀或者用激光蚀刻 V 形槽等技术来实现。

三、多晶硅太阳能电池的现状及发展

（一）多晶硅太阳能电池的现状

多晶硅太阳能电池的基本结构都为 n^+/p 型，都用 p 型单晶硅片，电阻率为 $0.5 \sim 2\ \Omega \cdot cm$，厚度为 $220 \sim 300\ \mu m$，有些厂家正在向 $180\ \mu m$ 甚至更薄发展，以节约昂贵的高纯硅材料。多晶硅太阳能电池的重要性正在得到更多的重视，而多晶硅太阳能电池的高效率化、低成本技术以及规模化生产技术都是非常重要的课题。

多晶硅生产工艺的优点如下：能直接拉出方形硅锭，设备比较简单，并能制出大型硅锭以形成工业化生产规模，材质、电能消耗较省，并能用较低纯度的硅作投炉料；可在电池工艺方面采取措施降低晶界及其他杂质的影响。其主要缺点是生产出的多晶硅电池的转换效率要比单晶硅电池稍低。

多晶硅的铸锭工艺主要有定向凝固法和浇铸法两种。目前，大部分多晶硅基片都是用浇铸法生产的，但铸造基片的高品质化是高效电池片制作必须解决的问题。制作过程的主要特点是以氮化硅为减反射薄膜，商业化电池的效率多为 13% ～ 15%。由于多晶硅的生产工艺简单，可大规模生产，所以多晶硅电池的产量和市场占有率较大。

在制作多晶硅太阳能电池时，作为原料的高纯硅不是拉成单晶，而是熔化后浇铸成正方形的硅锭，然后像加工单晶硅一样切成薄片和进行类似的电池加工。从多晶硅电池的表面很容易辨认，硅片是由大量尺寸不同的晶区组成，在这样结晶域（晶粒）里的光电转换机制与单晶硅电池完全相同。由于硅片由多个不同大小、不同形状的晶粒组成，而在晶粒界面（晶界）处光电转换易受到干扰，因而多晶硅的转换效率相对较低，同时力学和光学性能的一致性不如单晶硅电池。

但是，与单晶硅相同，多晶硅电池性能稳定，主要用于光伏电站建设，作为光伏建筑材料，如光伏幕墙或屋顶光伏系统。在阳光照射的作用下，多晶结构由于不同晶面散射强度不同，可呈现不同色彩。此外，通过控制氮化硅减反射薄膜的厚度，可使太阳能电池具备各种各样的颜色，如金色、绿色等，因而多晶硅电池还具有良好的装饰效果。

（二）多晶硅太阳能电池发展趋势

目前，世界上用铸造法制造基片得到的小面积（1 cm²）电池片的最高转换效率可达到 19.8%。转换效率受粒径大小的影响非常大，因此改善大面积电池片转换效率是当务之急。将氮化硅膜用作表面钝化膜，或者通过在表面进行蚀刻以增大其面积（100 ～ 225 cm²）将转换效率提高到了 17.1% ～ 17.2%。实际上，电池的高效率化就是多晶硅太阳能电池的发展趋势之一。

表面钝化对于高效率是必不可少的，在多晶硅电池片上用等离子体进行的化学气相沉积法（CVD）生产氮化硅膜是常用方法。这一方法会产生两种效果，先使用等离子体对氢进行活化，然后对粒界进行钝化。晶界产生的电子能级在光激发下生成载流子，能减少短路电流密度。由于存在漏电流流动，反向饱和电流密度变大，从而减少了开路电压；又由于活性化的氢有可能浸入基片深处，所以不仅表面，基片内部粒界的容积内也可以有效地进行钝化，其结果是氢的钝化不仅增加了实际的开路电压，也减小了能级密度，可用电子自旋共鸣法在实验中得到确认。

另外，氮化硅膜中所含的固定载流子会产生表面电位，而表面电位的变化会导致实际的表面复合速度下降。从化学键上看，用等离子体 CVD 法叠层得到的膜，从化学键上看，其组分中发生移动的情况是很多的，且由于膜中所含的氢很多，根据制造方法可以产生正或负固定电子。因此，由于在表面形成了势垒电位，妨碍了载流子的移动，故减小了实际的表面复合速度。改变叠层条件，就可以得到带有正或负固定载流子的叠层氮化硅膜，用同样的过程制成的太阳能电池片由于氮化硅膜堆积，增加了在 600 nm 前后的中长波段范围内的响应效率，同时可显著地改善 300 ～ 450 nm 短波长范围的效率，这是由于减小了实际的表面复合速度引起的。

提高表面蚀刻结构所形成的光封闭效果，也是高效率化必须解决的重要问题。多晶硅表面的结晶面是多重的，因此不能像单晶硅基片那样，使用氢氧化钾（KOH）向不同方向腐蚀的化学蚀刻方法，而是可以采用反应活性离子蚀刻法（reactive ion etching，RIE）对表面进行微细加工，或用盐酸系气体等离子蚀刻法和表面减反射膜相结合的方法。

第三节　有机太阳能电池材料的特点及制备

一、有机太阳能电池活性材料

有机太阳能电池（organic solar cells，OSCs）的活性层是由电子给体和受体材料组成，是 OSCs 最核心的材料，是获得高能量转化效率（power conversion efficiency，PCE）的关键。

设计和合成高效的给受体材料应具备以下条件：

（1）具有较宽的吸收光谱以及较强的吸光系数，能够和太阳光谱有效地匹配。以富勒烯衍生物作为受体材料时，对太阳光的吸收主要由给体材料完成。

（2）具有合适的最高占据轨道（the highest occupied molecular orbital，HOMO）和最低占据轨道（the lowest unoccupied molecular orbital，LUMO）能级，使给/受体之间以及与各功能层之间能级匹配，以利于给/受体界面的激子解离、电荷传输和收集，并有利于获得较高的开路电压。

（3）给/受体共混成膜过程中能形成良好的纳米尺度相分离，且具有双连续互穿网络结构，以利于激子的有效分离和电荷的高效传输。

（4）给体材料要有较高的空穴迁移率，受体材料要有较高的电子迁移率，且空穴与电子迁移率应尽量平衡，避免电荷的空间积累，以利于提高短路电流和填充因子。通常选择平面性分子骨架来增强分子间的相互作用，促进致密有序的 π−π 堆积，提高分子轨道重叠，从而提高载流子迁移率。

（5）材料的溶解性、稳定性和成膜性等也都是必须考虑的因素。

（一）OSCs 给体材料

1. 聚合物给体材料

早期的 OSCs 研究基本上都使用聚（3−己基噻吩）、聚甲氧基对苯撑乙烯衍生物和聚芴等给体材料。其中聚（3−己基噻吩）具有良好的溶解性和较高的载流子迁移率，在与富勒烯衍生物共混薄膜中表现出优异的自组装性能和结晶性，是应用最为广泛的聚合物给体材料。然而，聚（3−己基噻吩）的 HOMO 能级较高，导致开路电压较低（约为 0.6 V）；具有宽带隙（2.0 eV），导致其吸收光谱范围较窄，因此基于聚（3−己基噻吩）电池的 PCE 一直偏低，限制了该材料的发展。

对于给电子和吸电子单元交替共聚的 D−A 型共轭聚合物，通过给/受体单元的选择可以对其吸收光谱、能级结构、载流子传输等性能进行有效调控。因此，这类给体材料是近年来的研究热点之一，其 HOMO 能级主要取决于给体单元，LUMO 能级主要取决于受体单元。要想同时获得具有较低的 HOMO 和 LUMO 能级的 D−A 聚合物，就趋向于选择 HOMO 能级较低的给体单元和 LUMO 能级较低的受体单元，也就是采用弱给体单元—强受体单元组合的设计理念。此外，取代基修饰也可以实现能级调控，一般引入给电子取代基可以使 LUMO 和 HOMO 能级上移，引入吸电子取代基可以使 LUMO 和 HOMO 下移。

一些常见的构筑单元，如苯并二噻吩（BDT）、噻吩（T）、噻吩并噻吩（TT）等噻吩类衍生物常作为给电子单元，苯并噻二唑（BT）、噻吩并吡咯二酮（TBD）、吡咯并吡咯二酮（DPP）等常作为吸电子单元。由给电子单元和吸电子单元相互组合可以构成多种 D−A 型聚合物给体材料。

2. 小分子给体材料

相较于聚合物材料，小分子材料具有确定的化学结构、易合成提纯、无批次间差异、多样性、结构易调节等优点，基于溶液加工的小分子太阳能电池显示出了巨大的应用潜力。高效率的小分子给体材料通常采用对称的 D-A 共轭结构，如 A-D-A、A-D_1-D_2-D_1-A、D_1-A-D_2-A-D_1 或 A-π-D-π-A 等，噻吩常作为 π 桥来调节分子共轭结构。这种结构可以方便地通过变换局部单元来调节材料的光电性质。

（二）OSCs 受体材料

1.富勒烯受体材料

1992 年，Sariciftci 等人发现了聚合物到富勒烯 C_{60} 的光诱导超快电荷转移现象，从此富勒烯及其衍生物作为受体材料被广泛应用于有机光伏领域。由于 C_{60} 的溶解性较差，为了提高溶解性并对能级结构进行调节，研究者们通常对其进行官能团修饰，合成富勒烯衍生物应用于可溶液加工的 OSCs 中。1995 年，Heeger 课题组在其首次提出的体异质结 OSCs 中，利用易溶的富勒烯衍生物 $PC_{61}BM$ 作为受体材料，与给体材料共混并以溶液加工的方式成膜，有效提高了电荷分离效率，但 $PC_{61}BM$ 具有对称性结构，容易团聚，并且在可见光区的吸收较弱。因此，为了获得更优的光伏性能，C_{70} 衍生物受体材料成为更佳的选择。具有非对称的结构的 $PC_{71}BM$ 具有更优秀的溶解性、较高的 LUMO 能级和相对较强的可见光吸收，薄膜形貌也有所改善，因此器件短路电流比 $PC_{61}BM$ 基器件显著提高。

2.非富勒烯受体材料

尽管富勒烯及其衍生物长期以来一直是最重要的电子受体材料，但富勒烯受体存在可见区吸收弱、能级调控难、制备成本高、易聚集导致器件稳定性差等缺点。相比而言，非富勒烯受体材料具有良好的吸收特性，且其结构多样，易从分子结构上调节材料的前线分子轨道、光电特性、结晶性，易和给体材料共混。两者的区别如下：

（1）传统富勒烯及其衍生物的吸收峰主要在 375 nm 左右，需要开发低带隙聚合物与之匹配；而非富勒烯受体材料吸收带边可达 800 nm 左右，可以选择宽带隙聚合物给体材料，实现互补吸收。

（2）广泛使用的富勒烯受体材料 $PC_{71}BM$ 或 $PC_{61}BM$ 的 LUMO 能级在 -4.1eV 左右，很难调节；而非富勒烯受体材料由于能级易调节可获得不同的 LUMO 能级，因此在聚合物给体材料的选择上具有更大的灵活性。

（3）传统富勒烯及其衍生物受体材料是球形分子，易聚集；而非富勒烯受体材料通常具有共轭平面结构，通过调控其分子结构就可改善分子间排列堆积以及和给体分子间相互作用，从而改善给/受体共混活性层的微观形貌和电荷传输特性。

二、有机太阳能电池的工作原理

有机太阳能电池的基本工作原理与无机太阳能电池相似，都是基于半导体材料的光生伏特效应，因而有机太阳能电池又叫有机光伏器件（OPV）。图4-14给出了有机太阳能电池的基本物理过程。一般认为，OPV的物理过程包括光的吸收、激子的产生、激子的扩散、电荷的分离与传输、电荷在电极处的收集。下面对这一过程进行详细描述。

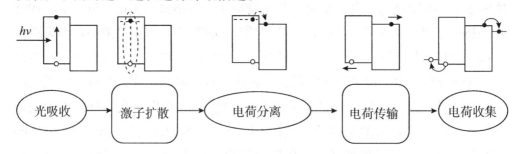

图4-14 有机太阳能电池的工作原理图

（1）当一束光照射到太阳能电池时，只有光子能量hv大于材料禁带宽度E_g的光子才会被半导体材料吸收，激发一个电子从价带跃迁到导带，而在价带处留出空位，这一空位叫作"空穴"且带有正电荷。在传统的半导体中，被激发的电子和形成的空穴，成为自由载流子并在电场的作用下向相反的电极方向移动。在有机太阳能电池中，入射光子激发而形成的电子和空穴以束缚态的形式存在，称之为"激子"，呈电中性，其迁移对电流无任何贡献。在这一阶段，能量的主要损失途径是OPV器件的反射以及光子对器件的加热。通常来说，由于有机材料的HOMO和LUMO之间的能量间隔较大，太阳光谱中具有较低能量的光子都无法使有机分子激发产生激子。所以，OPV的大多数研究都是集中在如何获得具有较窄能量间隔的有机光电材料上。

（2）激子产生后，由于浓度的差别会产生扩散运动，激子到达分离界面后被拆分为电子和空穴（通常激子可以被电场、杂质和适当的界面所分离）。在这一过程中，影响激子分离效率的因素是激子的寿命和激子的扩散长度。当激子寿命和扩散长度都较长时，激子就有机会在复合之前到达被分离的界面。因此，选用激子扩散长度长的材料或让分离界面靠近激子产生的位置，都可以有效地提高激子分离的效率。采用给体材料和受体材料共同蒸发的方式来形成体异质结的结构，可以使分离激子的界面接近激子产生的位置。

（3）激子被分离后，自由载流子必须被分开且被两个电极分别收集，才能够形成最终的光电流。虽然激子在界面分离后形成的自由载流子的浓度梯度可以分离电子和空穴，但更加有效的载流子分离还是需要电场的作用。由于OPV的整体厚度较薄，由两个电极功函数差异建立起来的内建电场可以足够强，因而能有效地分离自由载流子。在这一过程中，界面拆分获得的电子和空穴都集中在界面附近，因此它们再次复合的概率还是很大的。另外，由于有机材料的导电性通常都较低，自由载流子在向两端电极移动的过程中，会有机会被陷阱俘获而损失。因此，提高有机半导体的导电性，也能有效地提高OPV的能量转换效率。

与晶体硅太阳能电池相比，在转换效率、光谱响应范围、电池的稳定性方面，有机太阳能电池还有待提高。OPV光电转换效率受到制约的机制主要如下：半导体表面和前电极的光反射；禁带越宽，没有吸收的光传播越大；由高能光子在导带和价带中产生的电子和空穴的能量驱散；光电子和光空穴在光电池光照面和体内的复合；有机染料的高电阻和较低的载流子迁移率。

上述损失都是由有机材料自身的性质所导致的。一方面，高分子材料大都为无定型，即使有结晶度，也是无定型与结晶形态的混合，分子链间作用力较弱，这就使电子局域在分子上，不易受其他分子势场的影响。光照射后生成的光生载流子主要在分子内的共轭价键上运动，而在分子链间的迁移比较困难，这使高分子材料载流子的迁移率μ一般都很低，$\mu = 10^{-6} \sim 10^{-1}\,\mathrm{cm^2/V \cdot s}$。另一方面，通常高分子材料键分子链的$E_g$范围为 7.6 ~ 9 eV，共轭分子$E_g$范围为 1.4 ~ 4.2 eV，与 Si、Ge 等相比，其E_g较高，因此有机太阳电池与无机太阳电池载流子产生的过程有很大的不同。有机高分子的光生载流子不是直接通过吸收光子产生，而是先产生激子，再通过激子的分裂产生自由载流子。

通过上面的分析可以看出，若想提高OPV的能量转换效率，必须考虑以下几方面的因素：

（1）有机太阳能电池对太阳光的有效吸收必须尽可能地大，即提高太阳光的吸收效率，一方面可以拓宽器件吸收光谱的范围，另一方面可以增加器件对太阳光的吸收强度。

（2）尽可能减少激子的复合概率，提高激子的分离效率。

（3）提高光生载流子的迁移率，避免载流子在传输过程中的复合。

三、有机太阳能电池的结构设计

（一）倒置 OSCs

正置 OSCs 大都使用高功函数的铟锡氧化物 ITO 作为阳极，混合导电聚合物 PEDOT-PSS 作为阳极修饰层，低功函数的金属（如 Al、Ag 等）作为阴极。PEDOT-PSS 有一定酸性和吸湿性，会对 ITO 造成腐蚀，同时低功函数金属非常容易受到氧和水汽的影响而发生退化，且进一步导致活性层的劣化，这些因素严重降低了器件的稳定性。基于此，人们开发出了倒置 OSCs，该结构避免了 PEDOT-PSS 的使用，这里 ITO 电极不再作为阳极，而是作为阴极收集电子。为了与活性层能级匹配，ITO 与活性层之间需要界面修饰层，常用的修饰材料有 ZnO、Cs_2CO_3 等；高功函数的金属 Au 常作为阳极，具有很好的环境稳定性。另外，研究表明，P3HT-PCBM、PTB7-PCBM 等活性材料体系的底部通常富勒烯受体富集，顶部则聚合物给体富集，对于这样的垂直相分离体系，倒置结构更有利于载流子的传输和收集。

（二）叠层 OSCs

有机材料自身载流子迁移率低限制了活性层的厚度，导致了不足的光吸收；而且有机材料的吸收光谱相对于无机材料窄，对太阳光谱响应范围有限，这些都是单 OSCs 的 PCE 远低于无机太阳能电池的重要原因。叠层结构可拓宽对太阳光谱的响应，提高对太阳光谱的有效利用。叠层结构电池常常是由两个或两个以上电池单元以串联的方式叠合在一起构成的。在叠层结构的设计中，各子电池吸收光谱的互补性是需要考虑的关键因素之一，因此各子电池活性材料的选择至关重要。沿着光的入射路径，各子电池按照活性层的光学带隙从大到小地顺序排列。底电池的活性材料具有宽带隙，会先吸收高能量的短波太阳光，这样可减少高能光子的热损失（thermalizmion losses）；顶电池的活性材料具有窄带隙，因而未被底电池吸收的低能光子继而被顶电池吸收。底电池往往具有更高的开路电压和更低的短路电流，顶电池则具有更低的开路电压和更高的短路电流。各子电池之间的连接层材料的合理选择是另一个需要考虑的关键因素。

对于一个理想的中间连接层，不仅要求其具有优化的光学厚度、合适的光透明度以及底电池兼容的制备工艺，能在制备顶电池的过程中起到保护底电池的作用，而且要求其具有合适的能级结构，既要与底电池受体的 LUMO 能级匹配，又要与顶电池给体的 HOMO 能级匹配，使串联在一起的各子电池的准费米级对齐排列。也就是说，连接层与底电池受体和顶电池的给体能形成良好的欧姆接触。另外，各子电池活性层厚度的优化也是必需的，以实现各子电池的电流之间的良好匹配，保证一个子电池中产生的空穴和另一个子电池中产生的电子能平衡地扩散至连接层并复合，且每个子电池中只有一种电荷扩散至相对应的电极。

对于一个理想的叠层 OSCs，其开路电压等于各个子电池开路电压之和，但其短路电流情况较为复杂，并不完全依赖于子电池中最小的短路电流，还与各个子电池的填充因子相关。当各个子电池的填充因子相同且认为它们的并联电阻足够大时，按照 Kirchhoff 定律，其短路电流等于子电池中最小的短路电流；当两个子电池的短路电流相等，则短路电流等于子电池的短路电流，这是最理想的情况。但由于各功能层的能级排列方式不够理想，各子电池吸收光谱互补性不够好，以及各子电池的电流不够匹配等因素，叠层太阳能电池实际的开路电压和短路电流都要低于理论预测值。

（三）半透明 OSCs

由于有机材料一些天然的劣势，OSCs 的效率和稳定性都难以与无机太阳能电池相比，但有机材料带隙易调节、低成本、易加工、柔性、可大面积成膜等优点在发展一些功能性器件方面具有独特的优势。例如，可以将半透明 OSCs 集成于汽车或房屋的窗玻璃表面，在调节日照强度的同时实现原位供电；也可以用作建筑物幕墙，实现原位供电；还可以起到装饰作用，既经济又节能环保。

要实现半透明 OSCs，透明电极非常重要。铟锡氧化物与氟掺杂氧化锡是最常用的透明电极材料，然而它们大都采用磁控溅射方法制备，制作成本高、工艺复杂，且制作过程需要高温，易对底层材料造成破坏。因此，开发具有良好导电性和光透过率的转代材料尤为重要。透明金属电极，如 Au 或 Ag 电极，可通过真空热蒸镀方法得到，但是通过热蒸镀法制备超薄 Ag 或 Au 膜都容易出现岛状生长，造成表面粗糙，且电阻率过高，严重影响器件性能。在透明氧化物半导体膜上生长超薄金属膜就可解决上述问题，如复合透明电极 MoO_3（20 nm）/Ag（11 nm）/MoO_3（35 nm）、ZnO（25 nm）/Au（8 nm）/ZnO（25 nm）等，其中 MoO_3、ZnO 等具有高折射率、低消光系数以及优良的空穴或电子的收集和传输能力，还具有光耦合和保护金属薄膜的作用。

半透明 OSCs 不仅要有较高的 PCE，还要有合理的透明度，特别对于玻璃应用，要求可见光的透过率大于 25%，显色指数接近 100。从原理上讲，半透明 OSCs 需要牺牲一定的 PCE 来实现优良的透光性。为了实现 PCE、可见光透射率和显色性能的综合优化，从材料的角度需要在近红外区具有高吸收的活性层材料。

四、有机太阳能电池的制造工艺

常见的制造价格低廉的有机太阳能电池的工艺包括旋涂、退火、真空蒸发等。此外，印刷工艺、卷对卷工艺、喷涂等多种新型工艺也在被不断研究。可预见在未来，当有机太阳能电池市场化之后，如何将工艺的廉价性、稳定性和大规模生产结合在一起是研究人员需要努力的方向。下面将对用于有机太阳能电池制造的一些技术进行介绍。

（一）浇铸

浇铸是最简单的一种成膜工艺，它除了水平的工作台之外不需要其他设备，其步骤是简单地将溶液覆盖在衬底上，然后通过干燥成膜定形。由于缺乏有效的控制膜厚的手段，薄膜干燥后会出现边框效应等现象。而且，溶液里通常会存在表面张力，成膜后会更加不均匀，甚至会出现裂痕。它需要所涂材料在溶液中有良好的溶解特性，以避免在干燥过程中发生沉淀等现象。

（二）旋涂

最重要的有机太阳能电池制备工艺就是旋涂工艺。尽管成膜存在复杂性，但是这种工艺可以大批量制备薄膜，而且薄膜的重复性较高。它有着其他涂覆工艺所没有的一些优点，能够形成大面积的非常均匀的薄膜（衬底尺寸可达30 cm）。这种工艺在微电子的制造过程中广泛应用。典型的操作过程是将所要涂覆的液体滴于衬底之上，然后使衬底以一定的角速度旋转，由于基片旋转过程中的角速度、离心力影响，多余的溶液会被甩出去，只留下一层薄膜。有时也会先让衬底旋转，然后将所要涂覆的液体滴于旋转的衬底上面。薄膜的厚度及表面形貌重复度主要依赖于转速、溶液黏性、挥发性、材料分子量及浓度等因素，而与所滴加的溶液量的多少及旋转的时间关系不大。

在旋涂工艺中，除了最终成膜的厚度非常关键，薄膜中的均匀性、缺陷密度（针孔等）以及混合材料相分离的界面特性等对于最终的器件性能也非常重要。旋涂工艺能较好地控制这些参数，这也是它在有机光伏器件制作中广泛被应用的原因。其一个成功应用旋涂方法的体系是P3HT-PCBM体系。通常将它们溶解在1，2-氯苯当中，将它们旋涂之后，湿润的薄膜可以缓慢干燥，最后形成非常有效的器件层。几乎所有实验室中的相关工作都是基于这种工艺的。虽然这种方法在实验室小规模应用中非常有效，但是当我们将其应用在大规模生产中时，生产速度就成了其主要制约因素。另外，由于只有一部分材料可以使用这种工艺，因此这种方法的适用性也备受考验。

（三）刮刀覆盖

相对于旋涂工艺来说，实验室有机太阳能电池制作中使用刮刀覆盖工艺的相对较少。这种方法同样可以很好地控制膜厚。与旋涂工艺不同的是，溶液的浪费可以在该工艺中减小到最小，损失的溶液在5%左右。具体过程是先将一个刮刀放置在距离衬底一定距离的地方，然后覆盖溶液被放置在刮刀前面，刮刀线性通过衬底，过后会留下一个很薄的薄膜。膜的厚度不仅与刮刀和衬底的距离有关，也可能因为衬底表面形貌、表面能、溶液的挥发性和表面张力的变化而变化。

与旋涂工艺相比，刮刀工艺成膜很快，适合大规模快速应用。刮刀工艺和旋涂工艺有相同的仪器花费及操作复杂度，但刮刀工艺可以与R2R工艺兼容，而旋涂工艺不具备这一点，因此在大规模生产中刮刀工艺要优于旋涂工艺。研究人员已经将刮刀工艺应用在MDMO-PPV-PCBM系统器件中制备薄膜，刮刀工艺制备的PCBM具有更好的晶体特性，这种优良特性可以归因于溶剂缓慢的蒸发干燥过程，即刮刀工艺中薄膜更加趋向于热力学平衡。

（四）丝网印刷

丝网印刷技术可以追溯到20世纪初，它与其他印刷和涂覆技术的差别在于它需要高黏度、低挥发性的涂层溶液。这种技术需要固定于支架的编织丝网（如金属网格等），印刷的部分应是镂空的，丝网填充涂覆溶液然后接近衬底。刮刀压在丝网上以使其与衬底接触，然后刮刀沿直线运动，使溶液通过丝网到达衬底，实现图形转移。最终形成薄膜的厚度与通过丝网黏附于衬底的溶液体积有关，也与涂覆溶液中的浓度以及干燥后材料的密度有关。

丝网印刷非常适合进行批量生产，而且可用于卷对卷的生产工艺。丝网印刷技术很可能成为大规模有机太阳能电池生产的最重要的技术。虽然现在还面临一些困难，即器件有效层材料溶液可能还不能满足这种工艺的要求，但是导体材料如 PEDOT-PSS，导电胶体如银、银—铝都已经用于丝网印刷，而这些材料都是在制造太阳能电池中所需要的。

（五）喷墨印刷

从印刷工业的角度看，喷墨印刷是一个相对较新的印刷技术，它主要是由办公用低成本的喷墨打印机技术发展来的。它的打印头是陶瓷的或者其他能够抵御有机溶剂的材料，因此可以使用多种不同的溶剂来制作器件。喷墨印刷技术可以有很高的分辨率，像素可以达到 300 ～ 1 200 dpi。与其他制造有机太阳能电池的印刷技术相比，喷墨印刷技术自身不需要任何图形来源（如掩膜板、丝网等），但它的缺点是打印速度有限。喷墨印刷薄膜干燥之后的厚度由单位面积上的墨滴数目、每滴墨滴的体积和材料的浓度决定。

喷墨印刷技术的工艺是相当复杂的，它依赖于小墨滴的形成。墨滴的形成可以通过喷嘴对油墨机械的压缩或者对油墨进行加热得到。墨滴需要带上电荷，当衬底和喷头之间有电场存在时，墨滴就可以加速向衬底运动。这样同时增加了制备油墨的难度。油墨需要较低的黏度，同时需要加入静电电荷。一般来说，油墨是多种溶剂的混合体，其中至少一种溶剂是极易挥发的。另外，为了形成墨水流，油墨还要有一定的表面应力作用。这就需要向溶液中加入添加剂，浓度大约为 1%，这对于有机太阳能电池制造来说十分不利。这种技术是否能够成为有机太阳能电池的主流技术还要依赖于其技术的突破。

（六）卷对卷技术（R2R）

上面的技术都是在单一器件中可以使用的一些重要技术，这里简单介绍一下大规模生产用的卷对卷的概念。在卷对卷的生产中，衬底材料都是非常长的，它可以弯曲成卷状，这就需要衬底材料有一定的机械柔性。在印刷和覆层过程中，材料通过滚轮后被拉平经过印刷机或者覆层机，而后又经过滚轮卷成一卷。除了印刷或者覆层工艺，其他工艺如加热、干燥、UV 处理等也会包括其中。理想情况下，衬底材料从机器一端进入，经过一系列标准的工艺步骤之后从另一端输出，不需要人工操作。

R2R 已经用于有机太阳能电池的实际制造中。一个小型 R2R 系统通常包括去卷曲、覆盖单元、干燥和卷曲单元。此外，衬底材料应力、速度控制、衬底清洗、电荷去除、表面处理、热气流烘干、UV 处理和衬底冷却等单元也需要集成在系统中。

五、有机太阳能电池的发展现状及展望

1995年，研究人员提出的本体异质结OSCs是有机电子学发展史上非常重要的发现，对于提高电池效率起到了非常重要的作用，也成为目前OSCs最基本的结构类型。

近年来，非富勒烯受体的发明为提高与众多聚合物给体光吸收互补及能级匹配以及获得更高的PCE开辟了新的道路。2015年以来，北京大学占肖卫基于其设计合成的氟代氰基茚酮的稠环电子受体材料，使单结OSCs实现了12.1%的能量转化效率。2018年，陈永胜和侯建辉合作，设计合成了氯代的小分子受体材料NCBTD-4C1，与给体PBDB-T-SF共混作为活性材料，取得了14.1%的效率，超越了富勒烯OSCs最好的效率水平。这些都展现了非富勒烯受体广阔的应用前景。

要实现更高的PCE，一种普遍的方案是设计叠层电池结构。2018年8月，陈永胜领衔的团队利用在可见和近红外区域具有良好互补吸收的基于富勒烯受体的活性材料PTB7-Th∶O6T-4F∶PC$_{71}$BM和基于非富勒烯的活性材料PBDB-T∶F-M制得了叠层太阳能电池，将PCE提高到了17.3%，这是目前文献报道的OSCs效率的最高世界纪录。

尽管OSCs效率已经突破了17%，但仍不及无机太阳能电池，而且其稳定性问题尚未解决。但是，OSCs在低成本、柔性、透明等方面的优势，使其在未来的太阳能光伏领域必有一席之地。随着有机电子学的发展，新材料、器件新结构、新原理方面研究的突破，以及更加精细的分子和分子界面调控技术的发展，未来有望通过自组装、可编程技术在原子分子尺度上操控有机分子的化学结构和电子结构，优化活性层的相分离和形貌以及器件的界面结构等，OSCs的效率也必将会有大幅提升。

第四节 太阳能电池的主要发展方向

应用太阳能电池属于一种特殊的高技术，它不但要追求较高的能量转换效率，还要大幅度地降低成本，同时涉及土地资源、矿物资源等诸多因素。这些问题的解决一方面需要科研与技术开发，一方面需要采取相应的社会措施与技

术开发相结合。

一、大规模生产技术的开发

这方面涉及的内容如下：①无论哪种电池，从实验室的小尺寸电池转换到大尺寸、大批量的制作，转换效率都会明显降低，如何控制条件、改善设备，使电池的效率能稳定在某一较高水平，是产业化技术的关键；②规模化的生产设备和工艺的开发，使之通过量大、成品率高、成本低；③组件的大型化可以改善组件面积的利用率，提高组件的转换效率，大型器件可减少连线电阻引起的功率损耗；④批量生产要解决原料的来源与成本问题，目前硅晶体电池需要廉价的太阳级硅原料，且批量生产要解决生产中的环境保护问题。因此，大规模生产技术的开发已成为各国目前投入的重点。

二、跟踪与聚光

阳光照射到地面的强度随季节及每天的时间而变化。跟踪系统是使太阳电池板能够朝着对准太阳光的角度转动，以获得更多的能量。现在多用太阳传感器以自动控制跟踪精度。跟踪系统的优点是可获得更多的太阳能，一般可增加50%左右；缺点是有了运动的构件，既要消耗电力，还要有人监视与维护。

人类很久以前就开始使用聚光技术了，将聚光用于太阳电池是为了提高照射到太阳能电池的光强度，大幅度减少太阳电池材料的用量。它的优点是可以使用转换效率较高的材料与电池结构，目前多使用高效硅电池或砷化镓等电池以及多结太阳能电池，而且在一定聚光条件下，转换效率可有所增大。

三、组合发电及并网

作为独立电源，为了做到不间断供电，常使用与柴油机组合的电源。这种电源与单独使用柴油机的电源比较，具有排放废气量少、消耗燃料少、产生噪声少及减少机器运转时间等优点。

在有电网的地方使太阳能电池与之并网发电，可以大幅度降低成本。例如，电网的负载在高峰期和低峰期相差较大，通常会高出一倍以上，太阳能电池可以作为白昼高峰期的补充电源。另外，为了减少 CO_2 的排放，大型太阳电池发电与常规电源并网是发展的必然趋势。

四、与建筑业的结合

太阳能电池与建筑物相结合是太阳能电池今后发展的主要方向，可以解决太阳能电池的占地问题，减少土地施工架设费用并便于维护修理。基本有两种形式：一种是直接在建筑物上架设太阳能电池组件；另一种是将太阳能电池集成在建筑材料上。

第五章 燃料电池材料

第一节 燃料电池概述

一、燃料电池的概念

简单地说，燃料电池就是把化学反应的化学能直接转化为电能的装置。与传统火力发电相比，燃料电池的能量转变过程是直接方式，如图 5-1 所示。

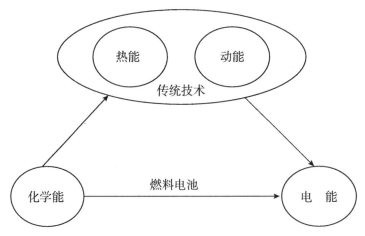

图 5-1 燃料电池直接发电与传统间接发电的比较

二、燃料电池的构造

与一般电池一样，燃料电池是由阴极、阳极和电解质构成的。

在阳极上连续吹充气态燃料，如氢气，阴极上则连续吹充氧气（或由空气提供），这样就可以在电极上连续发生电化学反应，并产生电流。电极上发生的反应大多为多相界面反应，为提高反应速率，电极一般采用多孔材料。

从理论上讲，只要不断向燃料电池供给燃料（阳极反应物质，如 H_2）及氧化剂（阴极反应物质，如 O_2），就可以使其连续不断地发电。但实际上，由于元件老化和故障等原因，燃料电池有一定的寿命。

三、燃料电池的优点及其存在的问题

（一）燃料电池的优点

燃料电池之所以受世人瞩目，是因为它具有其他能量发生装置不可比拟的优越性，具体如下。

1.高效率

从理论上讲，燃料电池可将燃料能量的 90% 转化为可利用的电和热。磷酸燃料电池设计发电效率（HHV）为 42%，目前接近 46%。据估计，熔融碳酸盐燃料电池的发电效率可超过 60%，固体氧化物燃料电池的效率更高。这样的高效率是史无前例的。而且，燃料电池的效率与其规模无关，因而在保持高燃料效率时，燃料电池可在其半额定功率下运行。

燃料电池的另一特点是在发电的同时可产生热水及蒸汽。其电热输出比约为 1.0，而汽轮机为 0.5。这表明在相同电负荷下，燃料电池的热载为燃烧发电机的 2 倍。

2.可靠性

与燃烧涡轮机循环系统或内燃机相比，燃料电池的转动部件很少，因而系统更加安全可靠。

3.良好的环境效益

普通火力发电厂排放的废弃物有颗粒物（粉尘）、硫氧化物（SO_x）、氮氧化物（NO_x）、碳氢化合物（HC）以及废水、废渣等。燃料电池发电厂排放的气体污染物仅为最严格的环境标准的十分之一，温室气体 CO_2 的排放量也远小于火力发电厂。燃料电池排放的废水量很少，而且比一般火力发电厂排放的废水清洁得多。因而，燃料电池不仅消除或减少了水污染问题，也无需设置废气控制系统。

燃料电池是各种能量转换装置中危险性最小的。这是因为它的规模小，无燃烧循环系统，污染物排放量极少。此外，燃料电池的环境友好性也是其具有极强生命力和长远发展潜力的主要原因。

4.良好的操作性能

燃料电池具有其他技术无可比拟的优良的操作性能，这也节省了运行费用。动态操作性能包括对负荷的响应性、发电参数的可调性、突发性停电时的快速响应能力、线电压分布及质量控制等。

燃料电池发电厂的电力控制系统可以分别独立地控制有效电力和无效电力。控制了发电参数，就可以使线电压及频率的输送损失最小化，并减少储备电量及电容、变压器等辅助设备的数量。

一般情况下，电厂增加发电容量时，变电所的设备必须升级，否则会降低整个电力系统的安全稳定性。而燃料电池发电厂则不必升级变电所设备，必要时可将燃料电池组拆分使用。

燃料电池还可轻易地校正由频率引起的各种偏差。这一特点提高了系统的稳定性。燃料电池系统具有良好的部分载荷性能，可对输出负荷进行快速响应，如图5-2所示。

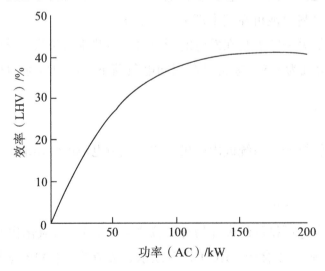

图 5-2　燃料电池部分负荷特性

5.灵活性

灵活性是指发电厂计划与容量调节的灵活性。这对电力公司及用户来说是最关键的因素及经济利益所在。燃料电池发电厂可在两年内建成投产，其效率与规模无关，可根据用户需求而增减发电容量。

欲较好地与电力需求的增长相匹配，须避免长时间的过载，并降低平均电价。若需求的增长是不确定的，那么燃料电池的短期引入就是非常有利的。电力公司可根据需要缓慢降低或加速其响应。此外，燃料电池发电厂还可在保持运行稳定性的前提下减小储存额度，也可适当降低电价。

提高分布在所有网点的小型电源的稳定性，对通信系统非常有益，因为这减少了由外部供电中断引起的通信中断问题。

6.发展潜力

燃料电池在效率上的突破，使其可与所有的传统发电技术竞争。作为正在发展中的技术，磷酸燃料电池已经取得了令人振奋的进展。熔融碳酸盐燃料电池和固体氧化物燃料电池将在未来 15～20 年内产生飞跃性进步。

相比之下，其他传统的发电技术，如汽轮机、内燃机等，由于价格、污染等问题，其发展可能会受到很大限制。

（二）燃料电池存在的问题

虽然燃料电池有许多优点，人们对其将成为未来主要能源持肯定态度，但就目前来看，其仍有很多不足之处，尚不能进入大规模的商业化应用。主要归纳为以下几个方面：

（1）市场价格昂贵。

（2）高温时寿命及稳定性不理想。

（3）燃料电池技术不够普及。

（4）没有完善的燃料供应体系。

四、燃料电池的分类

燃料电池的分类有多种方法，可以按电池工作温度的高低分类，也可以按燃料的种类分类，还可以按电池的工作方式分类。通常人们以电解质的不同将燃料电池分为五大类：碱性燃料电池（AFC）、磷酸型燃料电池（PAFC）、熔融碳酸盐燃料电池（MCFC）、质子交换膜燃料电池（PEMFC）和固体氧化物燃料电池（SOFC）。这五类燃料电池的基本特征如表 5-1 所示。

表 5-1　燃料电池的类型与特征

类型	电解质	导电离子	工作温度/℃	燃料	氧化剂	技术状态	可能应用领域
碱性	KOH	OH⁻	50～200	纯氢	纯氧	高度发展，高效	航天，特殊地面电用
磷酸	H_3PO_4	H^+	100～200	重整气	空气	高度发展，成本高，余热利用价值低	特殊需求，区域性供电
熔融碳酸盐	$(Li,K)_2CO_3$	CO_3^{2-}	650～700	净化煤气，天然气，重整气	空气	需延长寿命	区域性供电
质子交换膜	全氟磺酸膜	H^+	室温～100	氢气，重整氢	空气	高度发展，需降低成本	电动汽车，潜艇推动，可移动动力源
固体极化物	氧化钇稳定的氧化锆	O^{2-}	800～1000	净化煤气，天然气	空气	电池结构选择，开发廉价制备技术	区域供电，联合循环发电

（1）碱性燃料电池以氢氧化钠或者氢氧化钾的水溶液作为电解质，氢气作为燃料气，纯氧作为氧化剂，工作温度在50℃～200℃左右。碱性燃料电池一般使用碳载铂作为催化剂，发电效率在60%～70%。虽然碱性燃料电池是目前研究最早、技术最成熟的燃料电池之一，但是它只能使用纯氢作为燃料，因为重整气中的CO和CO_2都可以使电解质中毒。此外，碱性电解质的腐蚀性较强，导致电池寿命较短。以上特点限制了碱性燃料电池的发展，开发至今仅成功地运用于航天或军事领域。

（2）磷酸型燃料电池以磷酸为电解质，氢气作为燃料气，可用空气作为氧化剂，发电效率在40%～45%。由于磷酸在低温时的离子电导较低，所以磷酸型燃料电池的工作温度在100℃～200℃左右。与碱性燃料电池不同，磷酸型燃料电池允许燃料气和氧化剂中CO_2的存在，可使用由天然气等矿物燃料经重整或者裂解的富氢气体作为燃料，但其中CO的含量不能超过1%，否则会使催化剂中毒。磷酸型燃料电池目前的技术已经成熟，千瓦级的发电装置已进入商业化推广阶段。

（3）熔融碳酸盐燃料电池以熔融的碳酸钾或碳酸锂为电解质，工作温度在碳酸盐熔点以上（650℃左右）。由于电池是在高温下工作，因此不必使用贵金属催化剂。熔融碳酸盐燃料电池具有内部重整能力，可使用 CO 和 CH_4 作为燃料，发电效率在 50% ～ 65%。然而，熔融碳酸盐具有腐蚀性，且较易挥发，导致电池寿命较短。目前，熔融碳酸盐燃料电池已接近商业化，试验电站的功率达到兆瓦级。

（4）质子交换膜燃料电池以具有质子传导功能的固态高分子膜为电解质，以氢气和氧气分别作为燃料和氧化剂，发电效率在 45% ～ 60%。与碱性燃料电池一样，质子交换膜燃料电池也需要使用铂等贵金属作为催化剂，并且对 CO 毒化非常敏感。质子交换膜燃料电池的工作温度在 80℃左右，可在接近常温下启动，激活时间较短。电池内唯一的液体为水，腐蚀性问题较小。质子交换膜燃料电池是目前备受关注的燃料电池之一，被认为是电动车和便携式电源的最佳候选，制约其商业化的主要问题是质子交换膜以及催化剂等材料价格昂贵。

⑤固体氧化物燃料电池是以金属氧化物为电解质的全固态结构电池，工作温度在 800℃～ 1 000℃。通常以氧化钇稳定的氧化锆（YSZ）为电解质，Ni-YSZ 金属陶瓷为阳极，掺杂 Sr 的 $LaMnO_3$ 为阴极。由于电池为全固态结构，其外形具灵活性，可以制成管式和平板式等形状，并且避免了电解质流失和腐蚀等问题。高温运行使燃料可以在电池内部进行重整，理论上可以使用所有能够发生电化学氧化反应的气体作为燃料。此外，固体氧化物燃料电池的高温余热可以回收或者与热机组成热电联供发电系统，发电效率可达 80%。然而，较高的工作温度给电池的制造成本以及长期运行的稳定性带来了很大挑战，因此降低工作温度是未来固体氧化物燃料电池的主要研究方向。

五、燃料电池的发展前景与挑战

碱性燃料电池（AFC）已在载人航天飞行中成功应用，并显示出巨大的优越性。为适应我国宇航事业发展，应改进电催化剂与电极结构，提高电极活性；改进石棉膜制备工艺，减薄石棉膜厚度，减小电池内阻，确保电池可在 300 ～ 600 mA/cm² 条件下稳定工作，并大幅度提高电池组比功率和加强液氢、液氧容器研制。

再生氢氧燃料电池（RFC）是在空间站用的高效储能电池，随着宇航事业和太空开发的进展，尤其需要大功率储能电池（几十到几百千瓦）时，会更加展现出它的优越性。这方面的研究我国刚刚起步，应把研究重点放在双效氧电极的研制上，力争在电催化剂与电极制备方面取得突破，为 RFC 工程开发奠定基础。

高比功率和比能量、室温下能快速启动的质子交换膜燃料电池（PEMFC）作为电动车动力源时的动力性能可与汽油、柴油发动机相比，而且是对环境友好的动力源。当以甲醇重整制氢为燃料时，每公里的能耗仅是柴油机的一半，与斯特林发动机、闭式循环柴油机相比，具有效率高、噪声低和低红外辐射等优点；在携带相同重量或体积的燃料和氧化剂时，PEMFC 的续航力最大，比斯特林发动机高一倍。百瓦至千瓦的小型 PEMFC 还可作为军用、民用便携式电源和各种不同用途的可移动电源，市场潜力十分巨大。

尽管 PEMFC 具有高效、对环境友好等突出优点，但目前仅能在特殊场所应用和试用。若作为商品进入市场，则必须大幅度降低成本，使生产者和用户均能获利。若作为电动车动力源，PEMFC 造价应能和汽油、柴油发动机相比；若作为各种携式动力源，PEMFC 造价必须与各种化学电源相当。

在降低 PEMFC 成本方面，国际上至今已取得突破性进展。在电催化剂和电极制备工艺方面的改进，尤其是电极立体化工艺的发明，已使 PEMFC 电池用铂量从 8 ~ 13 g/kW 降到小于 1 g/kW。Ballard 在降低膜成本方面也取得了突破性进展，其开发的氟苯乙烯聚合物膜的运行寿命已超过 4 000 h，而膜成本仅 50 \$/cm^2。为降低双极板制造费用，国外正在开发薄涂层金属板、石墨板铸压成型技术和新型电池结构。

为加速 MCFC 开发，应当充分利用我国的资源优势，深入研究低铂含量合金电催化剂和电极内铂与全氟磺酸聚合物（Nafion）最佳分布，进一步提高铂利用率和降低铂用量，开发金属表面改性与冲压成型技术，廉价的、部分氟化、含多元磺酸基团的质子交换膜，甲醇、汽油等氧化重整制氢技术，以及抗 CO 中毒的阳极催化剂。

能以净化煤气和天然气为燃料的 PEMFC 和 SOFC 的发电效率高达 55% ~ 65%，还可提供优质余热用于联合循环发电。这是一类优选的区域性供电电站，热电联供时，燃料利用率高达 80% 以上。它与各种大型中心电站的关系类似个人电脑与大型中心计算机的关系，两者互为补充。在 21 世纪，这种区域性、对环境友好的高效发电技术有望发展成为一种主要的供电方式。

第二节 固体氧化物燃料电池的关键材料与设计

一、固体氧化物燃料电池概述

固体氧化物燃料电池（solid oxide fuel cell，SOFC）属于第三代燃料电池，是一种在中高温下直接将储存在燃料和氧化剂中的化学能高效、环境友好地转化成电能的全固态化学发电装置，是几种燃料电池中理论能量密度最高的一种。其被普遍认为是在未来会与质子交换膜燃料电池（PEMFC）一样得到广泛普及应用的一种燃料电池。

SOFC 以固体氧化物作为电解质。这种氧化物在较高温度下具有传递 O^{2-} 的能力，在电池中起传递 O^{2-} 和分离空气、燃料的作用。在阴极（空气电极）上，氧分子得到电子，被还原成氧离子，即 $O_2 + 4e^- \rightarrow 2O^{2-}$。$O^{2-}$ 在电池两侧氧浓度差驱动力的作用下，通过电解质中的氧空位定向跃迁，迁移到阳极（燃料电极）上与燃料进行氧化反应，即

$$2O^{2-} + 2H_2 \rightarrow 2H_2O + 4e^-$$

或
$$4O^{2-} + CH_4 \rightarrow 2H_2O + CO_2 + 8e^-$$

电池的总反应为

$$2H_2 + O_2 \rightarrow 2H_2O$$

或
$$CH_4 + 2O_2 \rightarrow 2H_2O + CO_2$$

从原理上讲，固体氧化物燃料电池是最理想的燃料电池类型之一。因为它不仅具有其他燃料电池高效、与环境友好的优点，还具备如下优点：① SOFC 是全固体的电池结构，避免了因使用液态电解质所带来的腐蚀和电解液流失等问题。②电池在高温（800℃～1 000℃）下工作，电极反应过程相当迅速，无需采用贵金属电极，因而电池成本大大降低。同时，在较高的工作温度下，电池排出的高质量余热可充分利用，既能用于取暖也能与蒸汽轮机联用进行低循环发电，能量综合利用效率从 50% 提高到 70% 以上。③燃料适用范围广，不仅用 H_2、CO 等作为燃料，而且可直接用天然气（甲烷）、煤气、碳氢化合

物以及其他可燃烧的物质（如 NH_3、H_2S 等）作为燃料发电。

目前，SOFC 研究开发存在的主要问题是电池组装相对困难，其中因过高工作温度和陶瓷材料脆性引起的技术难题较多。近几年，随着 SOFC 材料制备和组装技术的发展，SOFC 已有希望成为集中或分散式发电的新能源。

二、固体氧化物电池的关键材料

（一）固体氧化物电解质

电解质是 SOFC 的核心部件，主要作用是传导氧离子，隔绝阴极一侧氧气和阳极一侧氢气。作为一种性能优良的电解质材料，其应当具备以下条件：

（1）具有足够高的离子电导率与尽可能低的电子电导率。

（2）在高温、氧化还原气氛中保持稳定。

（3）与电极材料不发生反应，并且热膨胀系数匹配。

（4）致密度足够高，防止两极气体的渗透。

（5）具有较高的机械强度和韧性，易加工成型成本较低。

固体氧化物电解质通常为萤石结构的氧化物，常用的电解质是 Y_2O_3、CaO 等掺杂的 ZrO_2、ThO_2、CeO_2 或 Bi_2O_3 氧化物形成的固溶体。目前，应用最广的氧化物电解质为 6%～10%（摩尔）Y_2O_3 掺杂的 ZrO_2。纯 ZrO_2 在常温下属单斜晶系，1 150℃时不可逆转变为四方结构，到 2 370℃时转变为立方萤石结构，并一直保持到熔点（2 680℃）。这种相变会引起较大的体积变化（3%～5%，即加热收缩、降温膨胀）。Y_2O_3 等异价氧化物的引入可以使立方萤石结构在室温至熔点的范围内保持稳定，同时在 ZrO_2 晶格内有大量的氧离子空位来保持整体的电中性。每加入两个三价离子，就引入一个氧离子空位。最大电导通常产生于使氧化锆稳定于立方萤石结构所需的最少杂原子数时。过多的杂原子使电导降低，同时增加了电导活化能。原因可能是缺陷的有序化、空位的聚集及静电的作用。图 5-3 为 YSZ 的晶胞结构。

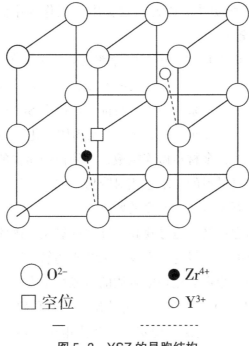

$\bigcirc$ O^{2-} ● Zr^{4+}

□ 空位   ○ Y^{3+}

——   - - - - - - - - -

图 5-3 YSZ 的晶胞结构

8%（摩尔）Y$_2$O$_3$ 稳定的 ZrO$_2$（YSZ）是 SOFC 中普遍采用的电解质材料，其电导率在 950℃下约为 0.1 S/cm。虽然 YSZ 的电导率比其他类型的固体电解质（如稳定的 Bi$_2$O$_3$、CeO$_2$ 等）小 1 ~ 2 个数量级，但它具有突出的优点：在很宽的氧分压范围（1.0 ~ 1.0×10^{20} Pa）呈纯氧离子导电特性，电子电导和空穴电导只在很低和很高的氧分压下产生。因此，YSZ 是目前少数几种在 SOFC 中具有实用价值的氧化物固体电解质。Sc 和 Yb 掺杂的 ZrO$_2$ 比 YSZ 的电导率高得多，800℃的电导率接近 YSZ 在 950℃的值，其他性质与 YSZ 相近，但由于 Sc 和 Yb 的价格比较贵，其使用会受到限制。

其他萤石及相关结构的氧化物电解质（如掺杂的 Bi$_2$O$_3$、CeO$_2$）虽然电导率高得多，但缺点是在低氧分压下会产生电子电导或被还原，从而降低或破坏了电池的性能。降低 Bi$_2$O$_3$、CeO$_2$ 等氧化物电子电导的一种途径是在 Bi$_2$O$_3$、CeO$_2$ 等电解质燃料侧再制备一层厚度为 1 ~ 5 μm 的 YSZ 致密膜，形成复合电解质。YSZ 致密膜起到阻挡电子电导和保护电解质被还原的作用。因氧化物材料性质有差异，复合电解质的制备难度相当大。国外许多研究表明，Gd、Sm 等掺杂的 CeO$_2$ 固体电解质，虽然在还原气氛下产生了一定的电子电导，但对电池电子电导的影响不大，而且在相对较低的温度（600℃ ~ 800℃）

下使用时电子电导影响更小。因此，这类电解质作为中温（600℃～800℃）SOFC电解质的前景较好。

YSZ作为氧离子电解质时，由于电导率较低，必须在900℃～1 000℃的温度下工作才能使SOFC获得较高的功率密度，这样就给双极板、高温密封胶的选材和电池组装带来了一系列困难。目前，国际上SOFC的发展趋势是适当降低电池的工作温度（至800℃左右）。中温固体氧化物燃料电池的优点是可以使用价格比较低廉的合金材料做连接板，无须使用昂贵的铬酸镧连接材料或耐高温特种钢，对密封材料的要求也相对降低，因此使用寿命大幅度延长，很容易满足固定电站4万小时以上寿命的要求。

降低工作温度的途径之一是寻找高电导率的氧化物固体电解质。传统观念认为，氧化物固体电解质一般为萤石及相关结构的氧化物，而从金属氧键能分析，钙钛矿氧化物作为稳定氧化物电解质的可能性不大。但是，日本首先发现La$_{0.9}$、Sr$_{0.1}$、Ga$_{0.8}$、Mg$_{0.2}$O$_3$（LSGM）钙钛矿结构氧化物具有较高的氧离子导电性能，且在氧化、还原气氛下稳定，不产生电子导电，是一种纯氧离子导体。这一发现在国际上引起了轰动，从此人们认为从钙钛矿氧化物发现良好的氧化物电解质是可能的。目前，人们发现并充分证明LSGM钙钛矿氧化物具有优异的离子导电性，被认为是最有希望作为中温氧化物燃料电池的电解质材料之一。800℃时，用LSGM制备的电池功率密度达到0.44 W/cm²；700℃时，其功率密度可达0.2 W/cm²，且稳定性较好。目前正在进一步考察这类新型电解质的长期稳定性及其他性能。其他钙钛矿氧化物电解质有Gd掺杂的BaCeO$_2$等。降低电池工作温度的另一途径是减薄YSZ厚度，制备负载YSZ薄膜。理论计算显示，在800℃的工作温度下，YSZ厚度减少至20 μm时，电解质比内阻小于0.15 Ω/cm²，电池输出功率可达0.35 W/cm²以上。

在平板式SOFC中，YSZ一般为厚100～200 μm的平板，用刮膜法制备。由于YSZ较脆，YSZ平板不易做得很大很薄，目前最大的尺寸为250 mm×250 mm。几十微米厚的负载薄膜一般在阳极或阴极基膜上，采用电化学沉积（EVD）、等离子喷涂（plasma spray）、化学喷涂等方法制备。由于YSZ材料脆性较大、强度较差，制备韧性电解质陶瓷膜也是今后努力的方向。

（二）阴极材料

SOFC阴极是发生氧还原反应的场所，主要作用是将O$_2$还原成O^{2-}，并且为O^{2-}扩散以及电子传输提供通道。因此，SOFC阴极材料必须满足以下条件：

（1）高电子电导和氧离子传输能力。

（2）对 O_2 具有高的催化还原活性。

（3）在电池制备和工作期间，具有足够高的稳定性。

（4）与相邻电池组元，如电解质和连接体的化学相容性好并且热膨胀系数匹配。

（5）具有一定气孔率，便于 O_2 扩散到达阴极电解质界面。

SOFC 中的阴极、阳极可以采用 Pt 等贵金属材料，但由于 Pt 价格昂贵，而且高温下易挥发，实际已很少采用。目前发现钙钛矿型复合氧化物 $La_{1-x}A_xMO_3$（La 为镧系元素，A 为碱土金属，M 为过渡金属）是性能较好的一类阴极（空气极）材料。不同过渡金属的钙钛矿型氧化物 $La_{1-x}Sr_xMO_{3-\delta}$（M 为 Mn、Fe、Co，$0 \leqslant x \leqslant 1$）的阴极电化学活性的顺序为 $La_{1-x}Sr_xCoO_{3-\delta} > La_{1-x}Sr_xMnO_{3-\delta} > La_{1-x}Sr_xFeO_{3-\delta} > La_{1-x}Sr_xCrO_{3-\delta}$。

在以上不同过渡金属的钙钛矿型氧化物上，电极反应的速度控制步骤有很大区别。其中，$La_{1-x}Sr_xCoO_{3-\delta}$ 的速度控制步骤为电荷转移步骤，$La_{1-x}Sr_xFeO_{3-\delta}$ 及 $La_{1-x}Sr_xMnO_{3-\delta}$ 的速度控制步骤为氧的解离，$La_{0.7}Sr_{0.3}CrO_{3-\delta}$ 的速度控制步骤为氧在电极表面的扩散。

在电催化活性方面，Sr 掺杂的 Co 复合物活性最高。但 $La_{1-x}Sr_xCoO_{3-\delta}$ 存在以下缺点：抗还原能力比 $La_{1-x}Sr_xMnO_{3-\delta}$ 差；热膨胀系数大于 $La_{1-x}Sr_xMnO_{3-\delta}$；容易同 YSZ 发生反应。

$La_{1-x}A_xMO_3$ 中 A 位离子的不同对阴极性质影响也很大，以 $Pr_{1-x}Sr_xMnO_3$ 复合物的活性最好。A 位由不同稀土元素取代的阴极过电位顺序为 Y>Yb>La>Gd>Nd>Sm>Pr。$Pr_{1-x}Sr_xMnO_3$ 电位过低，可能是由于 Pr 的多价性导致的氧化还原作用促进了 $O_2 \rightarrow O^{2-}$ 的反应造成的，$Pr_{1-x}Sr_xMnO_3$ 的活性同相应工作温度高 100℃ 的 $La_{1-x}Sr_xMnO_{3-\delta}$ 的活性相当。

燃料电池的电极反应通常在电极和电解质形成的电化学界面进行。在固体氧化物燃料电池中，电化学活性区位于电极固体电解质气相三相界面（简称 TPB）。三相界面处满足电化学反应进行所需要的条件是反应物、电子和离子的供应和畅通的传递。由于阴极材料一般为电子导体，与固体电解质形成的三相界面非常有限，只局限在与固体电解质表面形成的三相界面，因而大多数与气体直接接触的电极表面属于催化活性区，因无法传递离子，只进行反应物和产物的吸、脱附催化过程。为了得到更好的电极活性，往往会在阴极材料中加入氧离子导电材料，目的是形成空间化的三相界面，增大电极的三相界面。锶掺杂锰酸镧虽然为电子导体，但电极在极化下能产生氧空位，并扩展到电极表面。氧空位的形成增加了电极的离子导电性，使表面氧空位成为新的电化学活性位，扩大了电化学活性区。

目前，SOFC 空气电极广泛用锶掺杂的亚锰酸镧（LSM）钙钛矿材料，原因是 LSM 具有较高的电子导电性、电化学活性和与 YSZ 相近的热膨胀系数等优良的综合性能。在 $La_{1-x}Sr_xMnO_3$ 中，随着 Sr 的掺杂量变化（0～0.5），电导性连续增大，但其膨胀系数也不断增大。为了保证和 YSZ 膨胀系数相匹配，一般 Sr 量取 0.1～0.3。

（三）阳极材料

SOFC 阳极是燃料气体发生电化学氧化的场所，主要作用是催化燃料氧化，将燃料氧化反应生成的电子输送到外电路，将燃料气体导入以及将反应产物导出。因此，SOFC 对阳极材料有以下要求：

（1）在高温还原气氛下，电子电导率较高。

（2）在工作状态下，微观结构和化学组成保持稳定。

（3）与相邻组元热膨胀系数匹配，并且不发生化学反应。

（4）对燃料气体具有优良的电催化活性。

（5）具有足够高的气孔率，便于燃料气体的扩散和反应产物的排出。

（6）具有较好的力学性能。

目前，对于 SOFC 阳极材料的研究主要集中于 Ni-YSZ 金属陶瓷阳极、氧化铈基阳极和钙钛矿型阳极等。

1. Ni-YSZ 金属陶瓷电极

阳极材料研究范围较窄，主要集中在 Ni、Co、Ru、Pt 等适合作阳极的金属以及具有混合电导性能的氧化物（如 Y_2O_3-ZrO_2-TiO_2）上。金属 Co 是很好的阳极材料，其电催化活性甚至比 Ni 还高，而且耐硫中毒比 Ni 好，但由于 Co 价格较贵，一般很少在 SOFC 使用。Ni 由于价格低廉且具有优良的催化性能，成为 SOFC 广泛采用的阳极材料。Ni 通常与 YSZ 混合后制备金属陶瓷电极。一方面，这可以增加 Ni 电极的多孔性，防止烧结，增加反应活性；另一方面，YSZ 可调节 Ni-YSZ 电极热膨胀系数，使之与 YSZ 基底接近，可保证 Ni-YSZ 电极更好地与 YSZ 烧结。更重要的是，YSZ 的加入增大了 YSZ 电解质气体的三相界面区域，即增大了电化学活性区的有效面积，有效增加了单位面积的电流密度。

制备 Ni-YSZ 陶瓷电极时，一般将亚微米的 NiO 和 YSZ 粉充分混合，用丝印或浸浴等方法将其沉积在 YSZ 电解质上，经高温（1 400℃）烧结，形成厚度约 50～100 μm 的 Ni-YSZ 陶瓷电极。Ni-YSZ 的电导大小及性质由混合物中两者的比例决定。Ni 的体积分数低于 30% 时，电导与 YSZ 相似，主要表现为离子电导；Ni 的体积分数大于 30% 后，则表现为金属的导电性。Ni-YSZ 的电导还与其微观结构有关。当使用低表面积的 YSZ 时，Ni 主要分布在 YSZ 表面，可以有效增加电导。采用变价氧化物（如 MnO_x、CeO_2）修饰 YSZ 表面后，制备的 Ni-YSZ 陶瓷电极活性明显提高，功率密度高达 1.0 W/cm²。电化学活性大幅度提高的原因是变价氧化物起到氧化还原偶作用，促进了界面的电荷传递。

2. 氧化铈基阳极

掺杂的 CeO_2 基材料作为 YSZ 的替代物，被广泛应用于中低温 SOFC 的电解质。CeO_2 是典型的立方萤石结构材料，铈离子以面心立方密堆，氧离子处于铈离子形成的四面体中心。当以低价的阳离子取代铈离子时，为了满足电中性的要求，氧离子空位就会出现。CeO_2 基电解质存在的问题是在还原气氛下，四价的铈离子会被还原成三价，从而产生电子电导，但其产生的电子电导却是阳极材料需要的。此外，由于 CeO_2 基材料中的移动晶格氧能够减缓碳沉积速率，因此 CeO_2 可以用作以甲烷为燃料的 SOFC 阳极材料。

在氧化铈基阳极材料中，$Cu-CeO_2-YSZ$ 阳极被认为是最具有应用前景。一般通过双层流延法制备 $Cu-CeO_2-YSZ$ 阳极，即先流延一层致密 YSZ 电解质，然后在其表面再流延一层加入造孔剂的 YSZ，经过高温煅烧之后形成一种致密加多孔的双层结构。通过浸渍法在多孔的 YSZ 层中浸入 Cu 和 CeO_2 的前驱体溶液，再次经过煅烧即得到 $Cu-CeO_2-YSZ$ 阳极。研究结果表明，$Cu-CeO_2-YSZ$ 阳极在 700℃和 800℃以氢气为燃料时，最大功率密度分别为 0.22 W/cm² 和 0.31 W/cm²；而以丁烷为燃料时，最大功率密度分别为 0.12 W/cm² 和 0.18 W/cm²，并且经过 48 h 连续运行之后，电池性能几乎不变，没有碳沉积出现。金属 Cu 与 Ni 不同，它对碳氢燃料没有任何催化作用，在阳极中只帮助传输电子。而复合阳极中的 CeO_2 具有双重作用，它既是碳氢燃料电化学氧化的催化剂，又可提供离子电导和电子电导，扩大三相反应界面。

3. 钙钛矿型阳极

在研究与开发抗碳沉积和耐硫中毒的新型阳极材料过程中，钙钛矿结构的氧化物由于在很宽的氧分压以及高温下都具有良好的稳定性而受到 SOFC 研究者的关注。对于理想的 ABO_3 型钙钛矿氧化物，它的晶体结构为离子半径较小的 B 离子位于氧八面体的中心，具有较大离子半径的 A 离子位于八个氧八面体的中心。经过掺杂改性的钙钛矿型氧化物不但可以表现出电子—离子混合导电能力，催化活性也得到了增强。目前，广泛应用于 SOFC 阳极材料的钙钛矿型氧化物主要有 $LaCrO_3$ 基阳极、$SrTiO_3$ 基阳极和其他一些具有类钙钛矿结构的阳极材料。

$LaCrO_3$ 基材料之前被广泛应用于 SOFC 连接体材料，主要是因为它在 SOFC 工作温度下的氧化和还原气氛中都具有较高的稳定性和电导率。$LaCrO_3$ 基材料的导电特性主要受到 A 位和 B 位掺杂元素的影响。例如，在 A 位掺杂 Ca 之后，会发生 Cr^{3+} 到 Cr^{4+} 的电荷补偿转变过程，从而显著提高 $LaCrO_3$ 基材料的电子电导。用 Co 掺杂替代部分的 Cr，同样对提高电子电导有积极作用。掺杂 Co 会大幅度提高材料的热膨胀系数，但是掺杂 Ca 之后会削弱其对热膨胀系数的影响。可以通过系统地分析（LaA）（CrB）O_3（A= Ca、Sr，B= Mg、Mn、Fe、Co、Ni）体系的热力学稳定性和催化活性，研究其作为 SOFC 新型阳极材料的可能性。在热力学方面，掺杂 Sr 和 Mn 能够维持钙钛矿结构的稳定性，掺杂其他元素则会破坏系统的稳定性。然而，掺杂了过渡金属元素的 $LaCrO_3$ 并不会在还原气氛下分解，表明经过掺杂的 $LaCrO_3$ 基材料的分解反应受到了动力学的阻碍。在 A 位掺杂 Ca 和 Sr 可以提升 $LaCrO_3$ 基材料的催化活性，在 B 位掺杂 Mn、Fe 和 Ni 同样可以提升催化活性，但是掺杂 Co 和 Mg 之后会对催化活性有一定的抑制作用。最近有学者报道了一种非常有希望替代 Ni-YSZ 金属陶瓷阳极的新型 SOFC 阳极材料 $La_{0.75}Sr_{0.25}Cr_{0.5}Mn_{0.5}O_3$（LSCM）。LSCM 属于 p 型半导体，在 900℃氧分压高于 10^{-10} 标准大气压时，LSCM 的电导率为 38 S/cm。且以 0.3 mm 厚的 YSZ 为电解质、LSM 为阴极、LSCM 为阳极制成单电池，在 900℃以氢气为燃料时可以获得 0.47 W/cm² 的最大功率密度，这个值已经接近以 Ni-YSZ 金属陶瓷为阳极的单电池性能。

近年来，具有双钙钛矿结构的 Sr_2MMoO_6（M=Mg、Fe、Co、Ni）开始被应用于 SOFC 阳极材料，其中 $Sr_2Fe_{1.6}Mo_{0.5}O_6$（SFM）阳极由于具有较理想的电化学性能而受到更多的关注。研究发现，SFM 材料在氧化和还原气氛下都保持非常出色的稳定性，在780℃空气和氢气中的电导率分别为550 S/cm和310 S/cm。以LSCM作为电解质，将SFM分别用作阳极和阴极制备出的对称单电池在900℃以氢气为燃料的最大功率密度达到835 MW/cm²。然而，当单独使用SFM作为阳极材料时，电池性能会受到限制。例如，以SFM为阳极、LSCM为电解质、LSCM为阴极的单电池，在800℃以氢气为燃料时的最大功率密度只有291 MW/cm²。经过Ni改性之后的SFM阳极性能会得到显著提升，同样以LSGM为电解质、LSCF为阴极、氢气为燃料，在800℃时单电池的最大功率密度提高到1 166 MW/cm²。当以甲烷作为燃料时，功率密度也得到了增强。Ni的加入不但提高了SFM阳极的电子电导，也增强了其催化活性。然而，Ni的存在导致阳极材料对杂质硫的容忍度下降，当H_2中混入100 μg/g的H_2S，单电池运行20 h后功率下降了18%。不过上述性能衰退是可以恢复的，在除尽H_2中的H_2S以后，单电池的最大功率密度可恢复到初始值，这个结果与Ni改性的LSCM阳极相似。

（四）双极连接材料

SOFC单电池的输出电压约为1 V。为了获得更高的输出电压和功率，需要通过连接材料将单电池串联起来形成电池堆。连接材料在SOFC电池堆中起着至关重要的作用，它不但要连接相邻两个单电池的阳极和阴极，还要能够隔离电池堆中的还原气体和氧化气体。所以，人们对连接材料有严格的要求：

（1）具有非常高的电子电导率，面积比电阻（ASR）低于$0.1 \ \Omega \mathrm{cm}^2$。

（2）在高温、氧化还原气氛下都具有足够高的稳定性，包括尺寸稳定、微观结构稳定、化学稳定和相稳定等。

（3）对氧化气体和还原气体有足够高的致密性。

（4）热膨胀系数与电极、电解质材料相匹配。

（5）不与相邻电池组元发生反应或者扩散。

（6）足够高的机械强度和抗蠕变性。

（7）低成本，易加工成型。

目前，SOFC最常用的连接材料有两种：一是陶瓷氧化物；二是金属合金。前者以具有钙钛矿结构的$LaCrO_3$基材料为代表。在A位掺杂Mg、Sr或者Ca之后，$LaCrO_3$具有非常高的电子电导率，热膨胀系数与YSZ电解质接近，并且它在氧化还原气氛下具有很好的稳定性。但是，$LaCrO_3$基连接材料也存在一些缺点：首先，$LaCrO_3$是p型半导体，电导率随着氧分压的降低而减小；

其次，陶瓷材料不易加工成型；最后，它不易烧结，很难形成致密体，这也是其最致命的缺点。

随着 SOFC 的工作温度降低到 800℃以下，金属合金类的连接材料开始被广泛使用，包括 Cr 基合金、Fe-Cr 基合金和 Ni-Cr 基合金等。金属合金连接材料与陶瓷连接材料相比有以下几个优点：高机械强度；高热导率；高电子电导率；易于加工成型，成本低。然而，由于合金中都含有 Cr 元素，Cr 在高温下会以 CrO_3 或者 $Cr(OH)_2$ 的形式挥发，对阴极材料产生毒化作用，造成 SOFC 性能下降。

（五）密封材料

在平板式 SOFC 电池堆中，密封材料起着至关重要的作用。它既要阻止氧化剂与燃料气体溢出电池堆，又要阻止氧化剂与燃料气体在电池堆内部混合。所以，SOFC 密封材料应满足以下要求：

（1）在电池工作条件下热力学稳定。

（2）与相邻组元之间化学相容性良好，热膨胀系数匹配。

（3）黏结性好，并且在热循环过程中不被破坏。

（4）致密度高，可避免气体泄漏。

目前使用的密封材料分为刚性密封材料和压缩密封材料两大类。压缩密封最大的优点是密封材料不与电池其他组元刚性接触，因此无需满足热膨胀系数匹配的要求。然而，为了维持气密性的要求，此方法需要在电池工作期间施加压力。反观刚性密封，其并不需要施加外力，但是此方法对密封材料的黏结性和热膨胀系数的要求较高。

三、SOFC 结构设计

固体氧化物燃料电池具有多样性的电池结构，以满足不同要求。主要电池结构有管式、平板式、套管型（bell-spigot）、单块叠层结构（mono-block layer built，MOLB，又称瓦楞式）及热交换一体化（heat exchange integrated stack，HEXIS）结构等。不同结构类型的 SOFC 在结构、性能及制备等方面各具优缺点。

（一）管式 SOFC

管式 SOFC 的结构如图 5-4 所示，其是由许多一端封闭的电池基本单元以串、并联形式组装而成的。每个单电池从里到外由多孔的 CSZ 支撑管、锶掺杂的亚锰酸镧（LSM）空气电极、YSZ 固体电解质膜和 Ni-YSZ 陶瓷阳极组成。

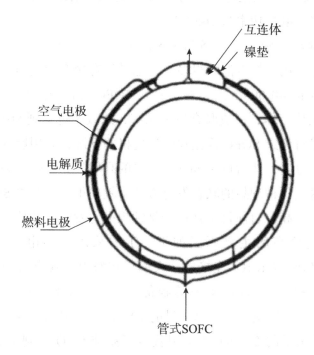

图 5-4　管式 SOFC 结构图

（1）CSZ 多孔管起支撑作用并允许空气自由通过，到达空气电极。先进的管式 SOFC 电池中，CSZ 多孔管已由空气电极支撑管（air electrode supporter, AES）代替。采用 AES 技术不但简化了单管电池制备工艺，而且使单管电池的功率由原来的 24 W 提高到了 210 W，电池的功率密度也有所改善，更重要的是电池的稳定性有了很大提高。

（2）LSM 空气电极支撑管、YSZ 电解质膜和 Ni-YSZ 陶瓷阳极通常采用挤压成型、电化学沉积（EVD）、喷涂等方法制备，经高温绕结而成。

管式 SOFC 的主要特点是电池组装相对简单，不涉及高温密封这一技术难题，比较容易通过电池单元之间的并联和串联组合成大规模的电池系统。但是，管式 SOFC 电池单元制备工艺相当复杂，通常需要采用电化学沉积法制备 YSZ 电解质膜和双极连接膜，原料利用率低，造价很高。

美国西屋公司已经开发出数套 25 kW 级的管式 SOFC 系统，并进行了数千小时运行。试验证明，输出最大功率为 27 kW、运行 1 000 h 的性能衰减率降低到 0.2% 以下，多次启动、关机循环试验对电池的性能几乎没有影响。最近，西门子–西屋公司已完成 100 kW 级发电系统（surecell^R），并进行了超过 4 000 h 的试验运行，电池电效率为 50%，高温余热回收效率为 25%，总能量效率为 75%，热、电总功率为 165 kW。

虽然管式电池功率密度为 0.15 W/cm²，比平板电池低，但管式电池的衰减率、热循环稳定性比平板电池好得多。单池最长寿命实验达 70 000 h，远远超过固定电站要求的 40 000 h 的目标。管式 SOFC 可带压运行，可以和燃气轮机或蒸汽轮机集成一体，形成联合发电系统，总效率可达到 80% 甚至更高。这种联合发电技术将管式 SOFC 连接在燃气轮机的下游，利用燃气轮机未燃烧完全的尾气进一步发电，然后再用 SOFC 排出的高质量高温热源去推动下游的蒸汽轮机发电。这是一种理想的联合发电方式，效率很高。管式 SOFC 商业化的主要困难是造价太高，目前每千瓦造价是常规火力发电的几倍。

管式 SOFC 造价高的主要原因如下：①需采用多步电化学沉积方法（EVD）制备 YSZ 膜、LaCrO$_3$ 连接层。人们仍在努力寻找有效的方法取代唯一的 EVD 步骤——YSZ 薄膜电解质的制备，进一步降低制作成本。②管式 SOFC 中的空气电极自身支撑管占总重量的 90% 以上。目前已成功地以廉价的含 Nd、Pr、Ce 等杂质的 LaCrO$_3$ 为原料代替了高纯 La$_2$O$_3$，制备的 AES 管性能仅比用纯 La$_2$O$_3$ 制备的 AES 管降低 8%，完全达到性价比要求。按目前的技术水平，如果 SOFC 年生产规模达到 3 MW，SOFC 系统每千瓦造价可达到 1 000 美元，价格上具有很强的竞争力。

（二）平板式 SOFC

平板式 SOFC 的空气电极 /YSZ 固体电解质 / 燃料电极被烧结成一体，形成三合一结构（PEN 平板）。PEN 平板间由双极连接板连接，使 PEN 平板相互串联，空气和燃料气体分别从导气槽中交叉流过。固体电解质性脆，因此不易做成大面积的 PEN 平板（目前 YSZ 膜最大面积为 25 mm × 25 mm）。为了增大单电池面积，往往采用多电池矩阵结构，即将多个单池三合一结构排列在陶瓷或高温金属框架板中密封固定，形成 PEN 矩阵结构。例如，在德国西门子公司的 10 kW 级的电池组中，每一层放置 16 个 50 mm × 50 mm PEN 三合一结构，每一层总面积为 256 cm²，共有 80 层叠在一起（共有 1 280 个 PEN），电极总面积为 2 m²。PEN 三合一结构或 PEN 矩阵结构与双极连接板之间采用高温无机黏结剂密封，以防止燃料气体和空气混合。

平板式 SOFC 结构的优点如下：电池结构简单，平板电解质和电极制备工艺简单，容易控制，造价也比管式低得多；夹板式结构电流流程短，采集均匀，电池功率密度也较管式高。但是，其也存在不可避免的缺点：需要解决高温无机密封的技术难题以及由此带来的热循环性能差的问题；对双极连接板材料的要求较高，即要求具备与 YSZ 电解质相近的热膨胀系数、良好的抗高温氧化性能和导电性能。在过去的几年，许多外国公司研制开发出了类似玻璃和陶瓷的复合无机黏结材料，基本解决了高温密封问题。加拿大已解决了电池的密封和电池热循环问题，从而实现了电池的快速升温启动和降温。这一技术的突破将加快固体氧化物燃料电池商业化的进程。

（三）瓦楞式 SOFC

瓦楞式 SOFC 的基本结构和平板式 SOFC 相同，如图 5-5 所示。两者的主要区别在于 PEN 的形状不同。瓦楞式的 PEN 本身形成气体通道，因而双极连接不需要有导气槽。此外，瓦楞式 SOFC 的有效工作面积比平板式窄，因此单位体积功率密度大。由于 YSZ 电解质本身材料性脆，瓦楞式 PEN 必须一次烧结成型，且烧结条件控制十分严格。

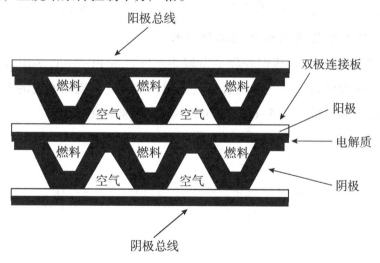

图 5-5　瓦楞式 SOFC 结构图

（四）其他 SOFC 结构

热交换一体化的 SOFC 模块（HEXIS）是由瑞士 Sulzer 公司发展出的一种新型结构，实际上也是一种平板式结构。不同之处是其外形为圆柱形，由圆形三合一和连接板组成，连接板不但起连接阴、阳极和分配气体的作用，而且可作为热交换器。燃料从圆中心燃料共用管道进入气体通道，从外边缘出口排出，然后用从空气通道出口排出的剩余空气将剩余的燃料气烧掉。

美国 Ceramatec 公司进行了新型 CPR 设计。该设计中的电池组和燃料处理器以串联形式组合在一起，目的在于得到更高的效率。其和 ZTEK 公司的辐射型设计相似，也采用了类似于平板式的结构，只是在其中集入了燃料处理等功能。

第三节　质子交换膜燃料电池关键技术与应用

一、质子交换膜燃料电池概述

质子交换膜燃料电池（proton exchange membrane fuel cell，PEMFC）是一种燃料电池，在原理上相当于水电解的"逆"装置。其单电池由阳极、阴极和质子交换膜组成，阳极为氢燃料发生氧化的场所，阴极为氧化剂还原的场所，两极都含有加速电极电化学反应的催化剂，质子交换膜则作为电解质。

（一）质子交换膜燃料电池工作原理

PEMFC 以磺酸型固体聚合物为电解质，Pt/C 或 Pt-Ru/C 为电催化剂，氢或净化重整气为燃料，空气或纯氧为氧化剂，带有气体流动通道的石墨或表面改性金属板为双极板。图 5-6 为 PEMFC 工作原理示意图。

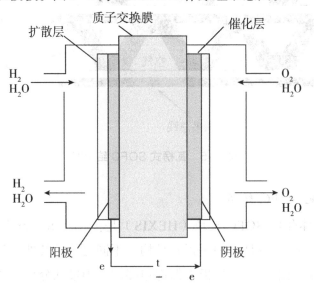

图 5-6　质子交换膜燃料电池的工作原理

作为 PEMFC 的关键部件的质子交换膜，起到了传导质子和分隔阴、阳极室的双重作用。夹在电极中间热压成的膜电极三合一组件 MEA 是燃料电池的核心，对 PEMFC 的性能起到了关键的作用。

PEMFC 中的电极反应类同于其他酸性电解质燃料电池。阳极催化层中的氢气在催化剂作用下发生电极反应：

$$H_2 \rightarrow 2H^+ + 2e^-$$

产生的电子经外电路到达阴极，氢离子经质子交换膜到达阴极。氧气与氢离子及电子在阴极发生反应生成水：

$$1/2O_2 + 2H^+ + 2e^- \rightarrow H_2O$$

总的反应如下：

$$H_2 + 1/2O_2 = H_2O$$

生成的水不稀释电解质，而是通过电极随反应尾气排出。多个电池单体根据需要串联或并联，组成不同功率的电池组（电堆）。与此同时，电子在外电路的连接下形成电流，通过适当连接向负载输出电能。

（二）质子交换膜燃料电池的优缺点

近年来，PEMFC 的研究越来越受到各国的重视，这是因为它具有以下优点：

（1）高效节能。通过氢氧化合作用，直接将化学能转化为电能，能量转化效率高达 40%～50%。

（2）使用固体电解质膜，可以避免电解质腐蚀。

（3）环境友好，可实现零排放。其唯一的排放物是纯净水（及水蒸气），没有污染物排放，运行噪声低，是环保型能源。

（4）工作电流大 [（1～4）A/cm², 0.6 V]，比功率高 [（0.1～0.2）kW/kg]，比能量大。

（5）可靠性高，维护方便。PEMFC 内部构造简单，无机械运动部件，工作时仅有气体和水的流动。电池模块呈现自然的"积木化"结构，这使得电池组的组装和维护都非常方便，也很容易实现"免维护"设计。

（6）发电效率受负荷变化影响很小，非常适于用作分散型发电装置（作为主机组），也适于用作电网的"调峰"发电机组（作为辅机组）。

（7）冷启动时间短，可在数秒内实现冷启动。

（8）设计简单、制造方便，体积小、重量轻，便于携带。

（9）燃料的来源极其广泛。可通过天然气和甲醇等进行重整制氢，也可通过电解水制氢、光解水制氢、生物制氢等方法获取氢气。

但是，质子交换膜燃料电池也存在以下缺点：

（1）膜的价格高，生产所需技术高，能生产的厂家少。

（2）对 CO 敏感，需要尽可能地降低燃料中 CO 的浓度，以避免催化剂中毒。

（3）催化剂成本较高。由于以贵金属铂作为催化剂，因此催化剂成本较高。

总的来说，PEMFC 因其高效、低污染和可连续工作的特点，可以做到真正的零排放、无污染，且其具有工作温度低、适宜于频繁启动场合、比其他类型的燃料电池有更高的功率密度等优点，因而得到了迅猛发展。

二、质子交换膜燃料电池的关键技术

（一）质子交换膜

质子交换膜（proton exchange membrane，PEM）是质子交换膜燃料电池的核心组成。需要强调的是，PEMFC 中的 PEM 与一般化学电源中使用的隔膜有很大不同。首先，它不只是一种隔膜材料，它还是电解质和电极活性物质（电催化剂）的基底；其次，PEM 是一种选择透过性膜，而通常的隔膜则属于多孔薄膜。

1.质子交换膜的结构特征

离子（质子）交换膜的微观结构颇为复杂，随膜的母体和加工工艺而变化，在描述离子膜结构及其传质关系的各种理论中，"离子簇网络模型"较为大众所接受。网络结构模型认为，离子交换膜主要由高分子母体，即疏水的碳氟主链区（hydrophobic region）、离子簇（ionic cluster）和离子簇间形成的网络结构构成，离子簇之间的间距一般在 5 nm 左右。全氟离子交换膜由各离子簇间形成的网络结构是膜内离子和水分子迁移的唯一通道。由于离子簇的周壁带有负电荷的固定离子，而各离子簇之间的通道短而窄，因而对于带负电且水合半径较大的 OH^- 的迁移阻力远远大于 H^+，这也正是离子膜具有选择透过性的原因。显然，这些网络通道的长短及宽窄，以及离子簇内离子的多少及其状态，都将影响离子膜的性能。下面以全氟磺酸离子交换膜（Nafion 膜）和陶氏反渗透膜（Dow 膜）为例说明质子交换膜的结构。

　　Nafion 膜和 Dow 膜的构成如图 5-7 所示，这两种膜都具有一个类似 Teflon 的主干结构，所不同的是侧链结构。Nafion 膜的侧链由末端带一 SO_3F 基团的全氟乙烯基醚组成，而且这种醚基团侧链较长，链节较多；而 Dow 膜的侧链由末端带一 SO_3F 基团的乙烯基醚单体组成，其侧链长度小于 Nafion 膜。而与燃料电池性能有关的材料性质就是侧链长度，侧链越长，表示共聚物树脂中链节越多，EW 值越高，膜电阻也就越大，导致电池性能下降。

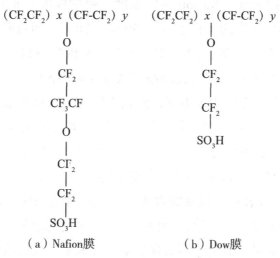

（a）Nafion膜　　　　　　　　（b）Dow膜

图 5-7　Nafion 膜和 Dow 膜构成示意图

2.质子交换膜的物理性能

　　膜的物理性质对 PEMFC 的性能有很大的影响，下面主要介绍膜的厚度、抗拉强度、含水率对膜性能的影响。

　　（1）膜的厚度和单位面积质量。不同型号的 Nafion 膜的厚度和单位面积质量如表 5-2 所示。为了降低膜电阻，提供 PEMFC 的工作电压和能量密度，现在开始采用更薄的质子交换膜，如将 175 μm 厚减为 100 μm 或 50 μm。虽然减小质子膜的厚度可以提高电导率，但其厚度过薄时可能引起氢气的渗漏，从而导致电池电压的下降，甚至会影响到膜的抗拉强度，造成膜的破坏，导致电池失效。

表5-2　不同型号的 Nafion 膜的厚度和单位面积质量

型　号	标准厚度/μm	单位面积质量/g·cm⁻³
NF-112	0.051	1.0
NF-1135	0.089	1.9
NF-115	0.127	2.5
NF-117	0.183	3.6

（2）膜的抗拉强度。Nafion 膜的强度与膜的厚度成正比，也与膜工作时的环境有关。Nafion 膜的工作温度在 50℃～80℃，而且膜处于水饱和状态，湿膜的强度大大低于干膜，NF-117、NF-115 和 NF-1135 的强度较为接近，都比 NF-112 高出许多，且当膜的厚度大于 100 μm 后，膜的强度变化不大。另外，不同方向上膜交联程度不同，因此不同方向上膜的强度也不同。从总的效果来看，NF-1135 离子交换膜不但可满足电池对膜强度的要求，同时由于膜的厚度相对较小，膜电导率高，还可以提高电池的性能。

（3）膜的含水率。每克干膜的含水量称为膜的含水率（克水／克干膜），可用百分数（％）来表示。较高的含水率对膜电解质的质子传导能力有很大的影响，因为膜中水的含量是聚合物内部渗透压平衡的结果，因而膜中高聚物的交联度及交换容量都会影响到膜的含水率。含水率不仅影响质子传导，也影响氧在膜中的溶解扩散。通过对不同 Nafion 膜含水率的分析结果可看到（表5-3），NF-115 膜和 NF-1135 膜的含水率高于 NF-112 膜和 NF-117 膜。质子扩散因子和渗透率会随含水率的增加而增大，同时膜电阻随之下降，膜的强度也会有一定程度的下降。

表5-3　Nafion 系列膜的含水率分析

型　号	织向增加/%	横向增加/%	厚度增加/%	体积增加/%
NF-117	20.20	9.60	13.90	50.00
NF-115	22.10	12.70	35.01	85.60
NF-1135	10.00	3.00	39.20	57.70
NF-112	15.00	0.00	26.0	44.90

3.质子交换膜的电化学性能

质子交换膜的电化学性能主要包括膜的导电性能和选择透过性能。

（1）膜的导电性能。膜的导电性能可用电阻率（$\Omega \cdot cm$）、面电阻（$\Omega \cdot cm^{-2}$）或电导率（$\Omega^{-1} \cdot cm^{-1}$）来表示，表5-4给出了不同类型膜的电导率以及与之相关的物理性能。由表5-4可知，膜的成分、结构和膜的其他物理参数对其导电性能有着明显的影响，总体规律是随着膜的 EW 值降低，其含水率升高，膜的导电率逐渐增大，有利于电池性能的提高。

表5-4　不同类型质子交换膜的物理和电化学性能

类　型	EW/g·mol^{-1}	干态厚度/cm	含水率/%	电导率/$\Omega^{-1} \cdot cm^{-1}$
Nafion 115	1 100	100	34	0.059
Dow	800	125	54	0.114
Aciplex-S	1 000	120	43	0.108

（2）膜的选择透过性能。离子交换膜对于某种离子的选择透过性能可用以下公式表示：

$$P = \left(t_i^m - t_i \right) / \left(1 - t_i \right) \qquad (5-1)$$

式中：t_i^m为离子在膜中的迁移数；t_i为离子在膜外溶液中的迁移数。

显然，当$t_i^m = t_i$时，$P=0$，即离子膜没有选择性；当$t_i^m =1$时，$P=1$，即离子交换膜具有理想的选择透过性。通常情况下，$0<P<1$。

（二）电催化剂

PEMFC 通常采用氢气和氧气（或空气）作为反应气体，其电池反应生成物是水，阳极为氢的氧化反应，阴极为氧的还原反应。为了加快电化学反应的速度，气体扩散电极上都含有一定量的催化剂。电极催化剂包括阴极催化剂和阳极催化剂两类。

对于阴极催化剂，研究重点一方面是改进电极结构，提高催化剂的利用率；另一方面是寻找高效价廉的可替代贵金属的催化剂。一些催化剂在浓磷酸或氢氧化钾中缺乏足够的稳定性，而在聚合物电解质中可能是稳定的。因此，某些活性较大的催化剂有可能促进氧获取 4 个电子而被还原。为了优化这些有希望的电催化剂的活性与稳定性，必须对电极动力学机理进行研究。同时，PEMFC 阴极催化剂的研究还应包括催化剂附载于各种稳定基体上的情况。

阳极电催化剂的选用原则与阴极催化剂相似，但阳极催化剂应具有抗 CO 中毒能力，因为 PEMFC 对燃料气中的 CO 非常敏感。对于直接使用甲醇（DMFC）或其他烃类燃料的 PEMFC 系统，阳极催化剂体系应重新进行研究，以使其在一定的电压与电流密度条件下完成燃料的氧化过程。在低于 473 K 的温度条件下，Pt 的催化氧化活性并不太高，因此在进一步研究阳极催化剂时，应考虑采用新的催化剂体系，如 Pt–Ru 合金或负载型 Pt–Ru 催化剂。

1. 传统催化剂的改进

迄今为止，PEMFC 的电极反应催化剂仍以贵金属 Pt 为主。早期的电极是直接将铂黑与起防水和黏接作用的 Teflon 微粒混合后热压到质子交换膜上而制得的。催化剂 Pt 的载量高达 10 mg/cm²。后来，为了增加 Pt 的表面积并降低电池成本，一般都采用 Pt/C 作催化剂。考虑到电极反应的特殊性，即 PEMFC 的电极反应仅在催化剂 / 反应气体 / 质子交换膜的三相界面上进行，在早期的膜电极中只有那些位于质子交换膜界面上的 Pt 微粒才有可能成为电极反应的活化中心，因而膜电极的 Pt 利用率非常低，不及 10%。

为了增加有效的催化剂表面积以降低 Pt 载量，可以对电极制备工艺进行改进。具体过程如下：以碳载铂为催化剂，采用 Nafion 质子交换膜聚合物溶液浸渍 Pt/C 多孔气体扩散电极，然后再热压到质子交换膜上形成膜电极。该方法扩展了膜电极的三维反应区域，大大提高了膜电极 Pt 的利用率。

尽管如此，PEMFC 对 Pt 的利用率仍不充分，Pt 利用率不高的原因主要有两点：一是现在制备的 Pt 颗粒太大，且在电池工作过程中，Pt 颗粒还会增大，使其比表面下降，造成催化效率的进一步降低；二是在 PEMFC 的膜电极中，反应物气体不易到达 Pt 的表面，这取决于膜的结构及其成型工艺。

2. 新型催化剂的开发

为了提高 PEMFC 中电催化剂的活性，减少 Pt 的用量并降低成本，近年来对新型催化剂的研究工作日益增多。由于 PEMFC 氢电极过程的可逆性极高，因此电催化剂的研究任务主要是寻找可降低氧还原过程中电位的电催化剂。

例如，采用松木碳为载体，以水合肼为还原剂，通过化学还原沉积法制得 Pt/C、PtCr/C、PtMn/C 催化剂，并通过涂层和热压得到催化剂——Nafion

膜电极。与 Pt/C 比较，当 PtCr/C 催化剂中 Cr 含量为 5% ～ 7% 时，催化活性有所提高，Cr 含量超过 10% 时催化活性没有明显的提高。对于 PtMn/C 系统，当催化剂中 Mn 含量小于 3% 或大于 10% 时，电极性能较差，而当 Mn 含量为 5% 时氧电极极化性能和放电性能均得到了提高。

新型催化剂研究的另外一个主要内容是开发直接用于甲醇燃料电池（DMFC）的电催化剂，这种催化剂通常都是指阳极催化剂。DMFC 是近年来开发出的一种新型 PEMFC，它与普通 PEMFC 的不同之处在于直接采用甲醇为燃料，而不是以氢气为燃料，而且甲醇不需要经过重整得到富含氢的燃料气。甲醇作为燃料具有来源丰富、价格便宜、毒性小、在常温下为液体且易于携带和储存等优点，但甲醇的氧化需要活性高的催化剂。低温型及中温型燃料电池都需要重整器，这样不仅降低了电池系统的能量密度，而且增加了电池成本，DMFC 则避免了这一缺点。但是，DMFC 的实际应用却由于阳极催化剂性能较差而受到了限制。

（三）电极

1. 电极的概念及工作过程

通常将 PEMFC 的电极称为膜电极（membrane electrode assembly，MEA），也就是由质子交换膜和其两侧各一片多孔气体扩散电极组成的阳、阴极和电解质的复合体。膜电极主要由五部分组成，即阳极扩散层、阳极催化剂层、质子交换膜、阴极催化剂层和阴极扩散层。另外，膜电极的两边分别对应有阳极集流板和阴极集流板，通常也称为双极板。

MEA 的工作过程中下：

首先，增湿后的氢气（$H_2(H_2O)_n$）通过双极板上的气体通道穿过扩散层，到达阳极催化剂层，并吸附于电催化剂层中，然后在铂催化剂的作用下，发生如下反应：

$$H_2 \rightarrow 2H^+ + 2e^- \text{ 或 } nH_2O + 1/2H_2 \rightarrow H^+ \cdot nH_2O + e^-$$

其次，H^+ 或 $H^+ \cdot nH_2O$ 进入质子交换膜，与膜中磺酸基（SO_3H）上的 H^+ 发生交换，使 H^+ 到达阴极。与此同时，阴极增湿的 O_2 也从双极板通过阴极扩散层，吸附于阴极电催化剂层中，并与交换而来的 H^+ 在铂的催化作用下发生反应，即

$$1/2O_2 + 2H^+ + 2e^- \rightarrow H_2O \text{ 或 } 1/2O_2 + 2H^+ \cdot nH_2O + 2e^- \rightarrow (n+1)H_2O$$

2.电极的制备工艺

MEA 结构的优化及其制备工艺是 PEMFC 研究中的关键技术，它既决定着 PEMFC 的工作性能，又会影响其实用性。在 PEMFC 的早期研究阶段，主要采用把铂黑直接热压到电解质膜的两边的方法，这种方法的铂载量为 2 ～ 4 mg/cm²。虽然用这种方法制得的电极电流密度比较高，但是由于铂载量过高，而且铂利用率较低，因此不宜推广和应用。后来，为了降低铂载量，人们纷纷采用了碳载铂的技术，典型的制备过程如下：

采用化学还原沉积法制备 Pt/C 催化剂粉末，还原剂为甲醛（HCHO），载体采用活性炭。将所需量的活性炭加入二次蒸馏水配制成悬浊液，再加入少量的无水乙醇，以改善活性炭的润湿性。在搅拌的同时，缓慢加入一定量的氯铂酸溶液，同时根据需要再缓慢加入还原剂，煮沸一段时间，然后在室温下用磁力搅拌器长时间搅拌，并用热的二次蒸馏水多次冲洗、过滤，直到溶液中不含氯离子为止。最后，在 80℃真空条件下干燥，即制成 Pt/C 催化剂粉末。

在采用碳载铂技术的同时，为了进一步减少电极的铂载量，提高铂的利用率，人们先后开发出涂膏法、浇注法、滚压法、电化学催化法等电极制备工艺，并取得了显著的成效。上述制备工艺虽然各有特点，但大都包括以下基本工序。

（1）制备碳载铂催化剂。除早期曾直接使用铂黑作为电催化剂外，后来都使用碳载铂催化剂，即以化学还原法、电化学还原法或物理方法（如溅射法）将电催化剂附着在细小的活性炭表面，制成所谓的 Pt/C 催化剂，其中铂的含量为在 10% ～ 40%。

（2）制备催化剂薄层。将 Pt/C 催化剂与某些黏合剂、添加剂调和后，以涂高、浇注或滚压法制成催化剂层。对于黏合剂和添加剂，早期的研究都使用 PTFE 乳液，现在有的学者则主张使用离子聚合物溶液，如 Nafion 液。

（3）质子交换膜的预处理和表面改性。一般先用 H_2O_2 溶液在加热条件下对质子膜表面进行清洗，以除掉表面吸附的有机杂物，再用二次蒸馏水多次冲洗质子膜，将其中残留的 H_2O_2 溶除掉，然后用 H_2SO_4 溶解膜中的金属杂质，最后反复使用蒸馏水将膜中残留的 H_2SO_4 冲洗干净。

（4）导电网或气体扩散层的制备。通常以碳布或碳纸作为扩散层的基底，为了保证扩散层有一定的疏水性，一般都采用 PTFE 对基底进行疏水处理。

（5）催化剂层、扩散层与质子交换膜的结合。不同的电极制备工艺由上述工序不同的组合方式及其制备方法组成，而每一工序的工艺参数必须进行细致的摸索和严格控制，才能得到性能良好的 MEA。

三、质子交换膜燃料电池的应用

PEMFC 的应用十分广泛，凡是需要能源、动力的地方都可以应用 PEMFC，如用作便携式电源、用作交通工具动力、用作分散型电站等。

（一）用作便携式电源

适用于军事、通信、计算机、地质、微波站、气象观测站、金融市场、医院及娱乐场所等领域，以满足野外供电、应急供电以及高可靠性、高稳定性供电的需要。PEMFC 电源的功率最小的只有几瓦，如手机电池。例如，美国摩托罗拉公司采用 PEMFC 的手机电池连续待机时间可达 1 000 h，一次填充燃料的通话时间可达 100 h。日本东芝公司所研制的适用于便携计算机等便携电子设备的 PEMFC 电源的功率范围大致在数十瓦至数百瓦。军用背负式通信电源的 PEMFC 功率大约为数百瓦级，而卫星通信用的车载 PEMFC 电源的功率一般为数千瓦级。

（二）用作交通工具动力

PEMFC 的工作温度低，启动速度较快，可以实现零排放或低排放，且其输出功率密度比目前的汽油发动机输出功率密度高得多，可达 1.4kW/kg 或 1.6 kW/L，因此很适于用作新一代交通工具动力。汽车是造成能源消耗和环境污染的主要原因之一，因此世界各大汽车集团竞相投入巨资，用以研究开发电动汽车和代用燃料汽车。从目前的发展情况看，PEMFC 是技术最成熟的电动车动力源，PEMFC 电动车被业内公认为是电动车的未来发展方向。PEMFC 将会成为继蒸汽机和内燃机之后的第三代动力系统。以 PEMFC 为动力的电动车性能完全可与内燃机汽车相媲美。当以纯氢为燃料时，它能达到真正的"零"排放。

用作电动自行车、助动车和摩托车动力的 PEMFC 系统的功率范围分别是 300 ～ 500 W、500 ～ 2 000 W、2 000 ～ 10 000 W。游览车、城市工程车、小轿车等轻型车辆用的 PEMFC 动力系统的功率一般为 10 ～ 60 kW，公交车的功率则需要 100 ～ 175 kW。

PEMFC 可用作潜艇动力源。目前，各国装备的海军潜艇主要是以柴油发电机和铅酸蓄电池为动力的常规潜艇，和核动力潜艇相比，其具有效率高、噪声低和低红外辐射等优点，对提高潜艇隐蔽性、灵活性有重要意义。例如，美国、加拿大、德国、澳大利亚等国海军都已经装备了以 PEMFC 为动力的潜艇，这种潜艇可在水下连续潜行一个月之久。

（三）用作分散型电站

PEMFC 电站既可与电网供电系统共用，也可以作为分散型主供电源，独立供电，特别适于用作山区、海岛、边远地区或新开发地区的电站。与大电网集中供电方式相比，分散供电方式有较多的优点：①可省去电网线路及配电调度控制系统，减少输电损失；②便于热电联供，可以将 PEMFC 电站就近安装，发电所产生的热可以进入供热系统，提高系统的能量利用率，从而使燃料总体利用率高达 80% 以上；③受自然灾害等的影响比较小；④通过天然气、煤气重整制氢，可利用现有天然气、煤气供气系统等基础设施为 PEMFC 提供燃料，使系统建设成本和运行成本大大降低；⑤基本上没有环境污染。

第六章　相变储能材料

第一节　相变储能及相变材料概述

一、储能与相变储能

在能源短缺和环境污染问题日益加重的形势下，提高煤炭、石油、天然气等化石能源的利用效率以及开发利用新能源具有重要的现实意义。目前，电力需求昼夜负荷变化较大，易形成巨大的峰谷差，峰期用电紧张，谷期电量过剩，造成了一定的能源浪费。另外，太阳能、风能及海洋能等新能源和可再生能源发电方式受时间和空间等客观条件的影响，如昼夜、地理位置或者气候条件等的变化会造成发电的不连续，间断的发电方式和持续性用电的需求存在供与求的矛盾。在太阳能的直接热利用方面，如生活热水的需求在时间上有一定的集中性，也容易出现供与求的矛盾；工业余热的回收利用过程，同样也存在能量供求在时间和空间上不匹配的问题。因此，迫切需要对能量进行储存，即储能。

储能是指采用一定的方法，通过一定的介质或装置，把某种形式的能量直接储存或者转换成另外一种形式的能量储存起来，在需要的时候再以特定形式的能量释放出来。目前，与人类活动密切联系的储能方式主要有热能和电能的储存（即储热和储电），各种储能技术的具体分类如表6-1所示。

表 6-1 储能技术的分类

能量形式	具体类型		
储热（热能）	显热储能		
	潜热储能	相变储能	
	化学储能	热化学储能	
		电化学储能	
		制氢储能	
储电（化学能、机械能）	机械储能（物理储能）	抽水蓄能	
		压缩空气储能	
		飞轮储能	
	电磁储能	电感储能	
		超导储能	
		超级电容器储能	

潜热储能是利用相变储能材料在发生物相变化时能够吸收或释放大量潜热（如水的比热为 4.2 kJ·kg^{-1}·℃$^{-1}$，而水由冰变成液态时的潜热为 355 kJ·kg^{-1}）的特点，将热量储存起来，也称相变储能或相变蓄能（本书统一称相变储能）。相变储能的主要优点是储能过程中相变储能材料的温度几乎保持不变或变化很小。

物质的相变通常有固—固、固—液、固—气和液—气四种形式。其中，固—气和液—气这两种方式虽然具有较高的相变潜热，但是相变前后物质的体积变化很大，利用难度较大，因此在实际应用中很少使用。固—固相变是指材料从一种晶体状态转变至另外一种状态，这一过程中可吸收或释放潜热，具有体积变化小和过冷度小的优点，但这种相变方式的潜热通常要比其他三种相变方式小很多。固—液相变前后体积变化较固—气和液—气小，且相变潜热一般比固—固相变大，因此目前相变储能的研究和应用主要集中在固—液相变方面。

二、相变储能原理

相变储能材料（phase change material，PCM）是指随温度变化而发生状

154

态转变且过程中吸收或释放大量的潜热的物质。该类材料在相变过程中温度恒定并且储能能力强，可以作为能量的储存器，近些年在建筑、电池热管理、太阳能等领域都得到了广泛应用。

相变储能材料在储能过程中，其能量的变化可通过自由能差来表达：

$$\Delta G = \Delta H - T_m \Delta S \tag{6-1}$$

式中：G 为吉布斯自由能；H 为焓；T_m 为相变温度；S 为熵。

当达到平衡时，$\Delta G = 0$，此时 $\Delta H = T_m \Delta S$，ΔH 称为相变潜热或相变焓。潜热的大小与相变材料及其相变的状态有关，当相变材料的质量为 m 时，相变材料在相变时所吸收或放出的热量为

$$Q = m\Delta H$$

三、相变储能材料的筛选原则

图 6-1 列出了储能装置的性能和相变储能材料特性之间的关系，根据这种关系，我们可以给出以下一些相变储能材料的筛选原则：

（1）高储能密度。相变材料应具有较高的单位体积、单位质量的潜热和较大的比热容。

（2）相变温度。熔点应满足应用要求。

（3）相变过程。相变过程应完全可逆并只与温度有关。

（4）导热性。较大的导热系数，有利于储热和提热。

（5）稳定性。反复相变后，储热性能衰减较小。

（6）密度。相变材料两相的密度应尽量大，这样能降低容器成本。

（7）压力。相变材料工作温度下对应蒸气压力应较低。

（8）化学性能。应具有稳定的化学性能，无腐蚀、无害无毒、不可燃。

（9）体积变化。相变时的体积变化要尽可能的小。

（10）过冷度。具有较小过冷度和高晶体生长率。

但是，在实际研制过程中，要找到满足这些理想条件的相变材料非常困难，因此人们往往先考虑有合适的相变温度和较大的相变热，然后再考虑各种影响研究和应用的综合性因素。

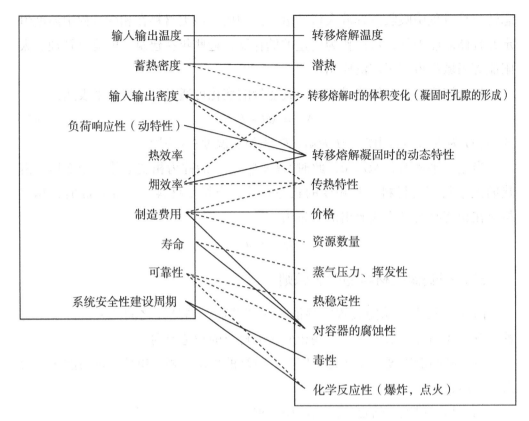

图 6-1　储能装置的性能和相变储能材料特性之间的关系

第二节　相变储能材料及其热性能

一、有机相变材料

石蜡类、醇类、脂肪酸、高级脂肪烃类、多羟基碳酸类、聚醚类、芳香酮类等一般都属于有机相变材料。该类相变材料一般具有成本低、稳定性好、无腐蚀性、无过冷和相分离等优点，但是存在储热密度低、导热性能差的缺点，从而导致储能效率较低，因此要经过传热强化之后才会应用到储能当中。有机相变材料的熔点一般较低，因此大多数用于中低储存能领域。

有机相变材料中石蜡类的应用最为广泛。石蜡为直链烷烃的混合物，其分子通式为C_nH_{2n+2}。石蜡的相变温度与烷烃混合物的类型相关，随着烷烃碳链的碳原子数的增加而提高。表 6-2 为不同碳原子数直链烷烃的熔点和潜热。在实际应用中，可根据不同的需求调整混合烷烃的种类得到所需相变温度的石蜡。

表 6-2 不同碳原子数直链烷烃的熔点和潜热

碳原子数	熔点/℃	相变潜热/（kJ·kg⁻¹）	实用价值
14	5.5	228	Ⅰ
15	10.0	205	Ⅱ
16	16.7	237	Ⅰ
17	21.7	213	Ⅱ
18	28.0	244	Ⅰ
19	32.0	222	Ⅱ
20	36.7	246	Ⅰ
21	40.2	200	Ⅱ
22	44.0	249	Ⅱ
23	47.5	232	Ⅱ
24	50.6	255	Ⅱ
25	49.4	238	Ⅱ
26	56.3	256	Ⅱ
27	58.8	236	Ⅱ
28	61.6	253	Ⅱ
29	63.4	240	Ⅱ
30	65.4	251	Ⅱ
31	68.0	242	Ⅱ
32	69.5	170	Ⅱ
33	73.9	268	Ⅱ
34	75.9	269	Ⅱ

注：Ⅰ表示非常有使用价值，Ⅱ表示实用价值一般。

除石蜡类外，脂肪酸类和醇类也常用于相变储能。脂肪酸类的分子通式为 $C_nH_{2n}O_2$，主要有月桂酸、硬脂酸和棕榈酸等。醇类根据分子中羟基的数目可分为一元醇、二元醇和多元醇。表 6-3 为部分醇类和脂肪酸类相变材料的热物性参数。

表 6-3 部分醇类和脂肪酸类相变材料的热物性参数

名 称	熔点/℃	相变潜热/ (kJ·kg^{-1})	热导率/ (W·m^{-1}·K^{-1})	密度/ (kg·m^{-3})
聚乙二醇 E400	8	99.6	0.187（L, 38.6℃）	1 126（L, 25℃）
聚乙二醇 E600	22	127.2	0.189（L, 38.6℃）	1 126（L, 25℃）
聚乙二醇 E6000	22	127.2	0.189（L, 38.6℃）	1 126（L, 25℃）
萘	80	147.7	0.132（L, 83.8℃）	976（L, 84℃）
丁四醇	118	339.8	0.326（L, 140℃）	1 300（L, 140℃）
辛酸	16	148.5	0.149（L, 38.6℃）	90（L, 30℃）
棕榈酸	42～46	178.0	0.147（L, 50℃）	862（L, 60℃）
月桂酸	64	185.4	0.162（L, 68.4℃）	862（L, 65℃）
硬脂酸	69	202.5	0.172（L, 70℃）	848（L, 70℃）

注：L 表示液体。

二、无机相变材料

（一）无机水合盐

无机水合盐的相变原理与有机物相变材料有所不同，它是通过在加热过程中水合盐脱出结晶水和冷却过程中无机盐与水结合的过程来实现热量的储存和释放的，其相变机理可用下式表示：

$$\mathrm{AB} \cdot m\mathrm{H_2O} \underset{\text{冷却}(T<T_m)}{\overset{\text{加热}(T>T_m)}{\rightleftharpoons}} \mathrm{AB} + m\mathrm{H_2O} - Q \text{（无机水合盐全部脱出结晶水）} \quad (6-2)$$

$$\mathrm{AB} \cdot m\mathrm{H_2O} \underset{\text{冷却}(T<T_m)}{\overset{\text{加热}(T>T_m)}{\rightleftharpoons}} \mathrm{AB} + n\mathrm{H_2O} + (m\text{-}n)\mathrm{H_2O} - Q \text{（无机水合盐部分脱出结晶水）} \quad (6-3)$$

式中：T_m 为相变温度；Q 为相变潜热。

无机水合盐主要包含硫酸盐、硝酸盐、醋酸盐、磷酸盐和卤化盐等盐类的水合物，具有成本较低、熔点固定、相变潜热大等优点，且导热性能一般优于有机类相变材料。但是，无机水合盐也存在相分离和易过冷的缺点。相分离指无机水合盐发生多次相变以后盐和水分离的现象，即部分与水不相容的盐类沉于底部，不再与水结合。相分离的产生使无机水合盐在储能过程的稳定性较差，从而导致储能效率降低，使用寿命缩短。为解决相分离的问题，一般在无机水合盐相变材料中添加防相分离剂，如晶体结构改变剂、增稠剂等。过冷现象是指液体冷凝到该压力下液体的凝固点时仍不凝固，需要继续降温才开始凝固的现象。过冷现象与液体的性质、纯度和冷却速度等有关，过冷现象使相变温度发生波动，一般在液体中添加防过冷剂来防止过冷现象的发生。

下面介绍几种比较常用的无机水合盐材料。

1.十二结晶水硫酸铝铵

十二结晶水硫酸铝铵（$NH_4Al(SO_4)_2 \cdot 12H_2O$）属同元熔点结晶水合盐相变材料，原材料是丰富和价廉的。它的二元相图和晶体结构如图 6-2 和图 6-3 所示。

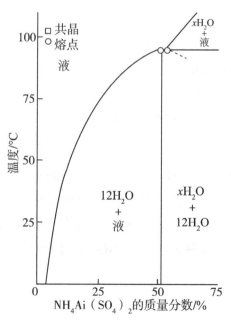

图 6-2　硫酸铝铵与水的二元相图

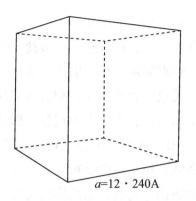

$a=12 \cdot 240A$

图 6-3 十二结晶水硫酸铝铵的晶体结构

对 $NH_4Al(SO_4)_2 \cdot 12H_2O$ 的熔化—凝固循环研究表明，它具有较好的循环性能。$NH_4Al(SO_4)_2 \cdot 12H_2O$ 带有弱酸性，因此塑料和中碳钢不太适合于作为容器，但铜和带有塑料涂层的碳钢是良好的容器材料。$NH_4Al(SO_4)_2 \cdot 12H_2O$ 可作为一般的食品添加剂，但局部接触可引起轻微的慢性炎症。

十二结晶水硫酸铝铵的热物性参数如下：

（1）熔点：93.95℃。

（1）沸点：120℃。

（3）相变潜热：269 kJ·kg^{-1}。

（4）密度（固体）：1 650 kg/m^3。

（5）盐的含量：47.69%。

（6）水的含量：52.31%。

（7）导热系数（固体）：0.50 W/（m·K）。

2.十水硫酸钠

十水硫酸钠（$Na_2SO_4 \cdot 10H_2O$）是蓄冷空调的重复相变材料，也是研究和应用较多的属于异元成分熔点的结晶水合盐相变材料，它的熔点是22.35℃。目前使用的熔点在4℃～8℃的相变材料，大多由十水硫酸钠化合物溶液添加其他盐类组成，图6-4和图6-5是$Na_2SO_4 \cdot 10H_2O$的相图与晶体结构。

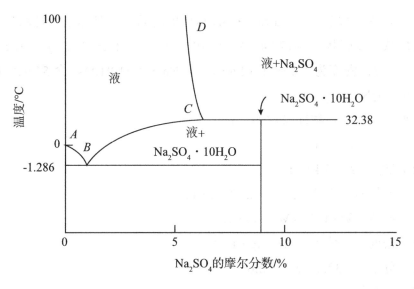

图 6-4　Na$_2$SO$_4$·10H$_2$O 系统的部分相图

从图 6-4 可以看出，高于 32.38 ℃异元熔点（转熔温度）的为无水 Na$_2$SO$_4$，而低于此温度为 Na$_2$SO$_4$·10H$_2$O。其低共熔点温度（点 B）近似为 −1.29 ℃；而其转熔点温度为 32.38 ℃。在温度低于转熔温度时，无水 Na$_2$SO$_4$ 被水化合恢复生成 Na$_2$SO$_4$·10H$_2$O。在实际冷却情况下，不可能达到完全平衡，如果没有结晶核心，温度降低到低于转熔温度后仍未结晶，如降至 24.4 ℃（这是 Na$_2$SO$_4$·7H$_2$O 和 H$_2$O 系统的转熔温度）或更低温度才结晶，就可能生成 Na$_2$SO$_4$·7H$_2$O。即使此时能很好地结晶，但由于沉淀离析，也会使相变材料失效。同时，在熔化过程中会产生相分离也是十水硫酸钠用作相变材料时需要克服的问题。

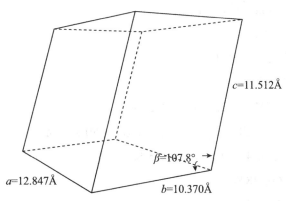

图 6-6　Na$_2$SO$_4$·10H$_2$O 的晶体结构

从图 6-5 可以看出，$Na_2SO_4 \cdot 10H_2O$ 是单斜晶系，晶体是短柱状，集合体呈致密块状或皮壳状，a=12.847 Å，b=10.370 Å，c=11.512 Å，β=107.8°，硬度为 1.5～2，密度为 1.4～1.5 kg·m⁻³。$Na_2SO_4 \cdot 10H_2O$ 内含 55.91% 的 H_2O 和 44.09% 的 Na_2SO_4。

十水硫酸钠的热物性参数如下：

（1）熔点：32.35℃。

（2）潜热：251.2 kJ·kg⁻¹。

（3）比热容（固体）：1.93 kJ/（kg·K）。

（4）导热系数：0.544 W/（m·K）。

（5）密度（固体）：1 485 kg·m⁻³。

（6）分子量：322.195 2 g/mol。

（7）盐含量：44.090%。

（8）水含量：55.910%。

3. 三水醋酸钠

三水醋酸钠 $NaCH_3COO \cdot 3H_2O$ 属于非调和熔点的无机水合盐。国内外很多学者对这种 PCM 的过冷、成核、抗凝、长期性能衰减都进行了大量的研究和应用。例如，加入 10% 的 $NaBr \cdot 2H_2O$ 或 15% 的 $NaHCOO \cdot 3H_2O$ 形成混合物后，其在 30℃～ 60℃ 的 1 000 次热循环中还具有稳定的储热性能。此外，有效的成核剂有无水 $NaCH_3COO$ 和 Na_2HPO_4；作为长期能量储存用的抗凝剂为羧甲基纤维素。澳大利亚进口我国的储能式电热水器采用的基料就是三水醋酸钠。

三水醋酸钠的性能参数如下：

（1）相变温度：58℃。

（2）最大工作温度：80℃。

（3）潜热：226 kJ/kg。

（4）比热容（固体）：2.79 kJ/（kg·K）。

（5）密度：液态 1 280 kg·m⁻³；固态 1 450 kg·m⁻³。

（6）导热系数：0.4～0.7 W/（m·K）。

（7）盐含量：60.28%。

（8）水含量：39.72%。

与三水醋酸钠相容的容器材料有不锈钢、塑料等，有研究表明镀锡低碳钢也与它相容。三水醋酸钠可以作为食品添加剂，在一般条件下对人体的毒性极小。图 6-6 和图 6-7 分别为三水醋酸钠的二元相图和晶体结构图。

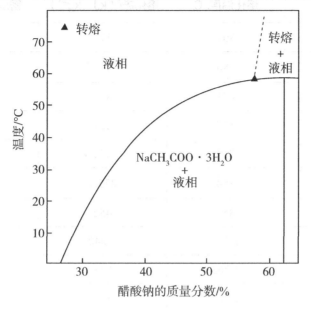

图 6-6 三水醋酸钠的二元相图

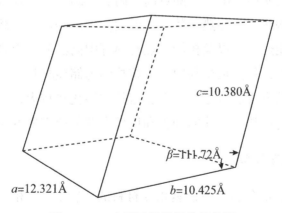

图 6-7 三水醋酸钠的晶体结构图

（二）熔盐

熔盐主要有氟化盐、氯化盐、硝酸盐、碳酸盐和硫酸盐等，常用于中高温热能的储存。表 6-4 为部分常用熔盐相变材料及其热物性参数。

表6-4 部分常用熔盐相变材料及其热物性参数

名　称	熔化温度/℃	熔化热/（kJ·kg^{-1}）	密度/（kg·m^{-3}）
NaNO$_3$	307	172	2 260
KOH	380	149.7	2 044
LiOH	471	876	1 430
LiSO$_4$	577	257	2 220
MgCl$_2$	714	452	2 140
NaCO$_3$	854	275.7	2 533
KF	857	452	2 370
LiF	1 121	1 040	2 340
MgF$_2$	1 263	938	1 945
NaF	1 268	800	2 420

熔盐具有温度使用范围广、沸点高、高温下的蒸气压较低、单位体积的储热密度大、相变潜热大、导热系数高和温度范围广等优点。熔盐目前已在高温余热回收、太阳能热利用以及核能传热蓄热等中高温领域得到了广泛应用。

在实际应用中，我们很少利用单一熔盐作为储能材料，一般会将二元、三元无机盐混合共晶形成混合熔盐。混合熔盐的熔化热较大，熔化前后的体积变化较小，且可通过调整混合盐的种类和比例来调整所需要的熔融温度。

三、胶囊相变材料

相变材料胶囊是在囊芯中包裹相变材料的"容器"，相变材料的胶囊化实现了相变材料的固态化，不仅增加了相变材料稳定性，也提高了相变材料的传热效率，同时便于相变材料的使用、储存和运输。相变材料胶囊主要由芯材和壁材两部分组成（图6-8），其中芯材为相变材料，壁材一般为聚合物或者无机材料。相变材料胶囊外形一般呈球形、椭圆形、管状或其他不规则的形状；结构一般为单核、多核、复合或者多壁等。

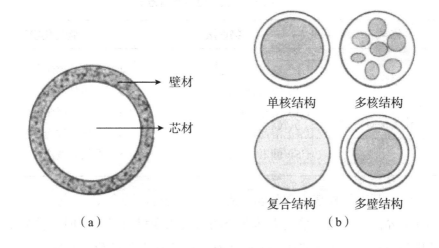

图 6-8 相变材料胶囊结构示意图

此外，按照相变材料胶囊的粒径不同，还可将其分为相变材料纳胶囊、相变材料微胶囊、相变材料大胶囊。胶囊的粒径小于 1μm 的称为纳胶囊，粒径范围为 1～1 000 μm 的称为微胶囊，粒径大于 1 mm 的称为大胶囊。

相变微/纳胶囊能够使包裹在其中的相变材料在发生相变过程时不受外界的损害，特别是对于一些性质不稳定或对环境敏感的相变材料的效果更好。胶囊化的相变材料除了上述的优点外，还具有如下的优点：

（1）增大了接触面积。

（2）解决了相变材料在液化过程中泄漏的问题。

（3）实现了相变材料的固态化，使得其在使用、运输和储存过程中更加方便。

（4）降低了相变材料的挥发。

（5）避免了相变材料的体积变化。

（6）延长了相变材料的使用寿命。

由于具有上述特性，相变胶囊在建筑节能、纺织和潜热型功能热流体等领域应用较多。

胶囊相变材料的制备方法从原理上大致可以分为三类：化学法、物理法和物理化学法，具体如表 6-5 所示。

表6-5 胶囊材料制备方法

化学法	物理法	物理化学法
（1）界面聚合法 （2）原位聚合法 （3）锐孔—凝固浴法 （4）化学渡法	（1）喷雾干燥法 （2）空气悬浮法 （3）喷雾冷冻法 （4）溶剂挥发（蒸发）法 （5）静电结合法	（1）水相分离法 （2）油相分离法 （3）溶胶—凝胶法 （4）熔化分散冷凝法 （5）浮相乳液法

下面对其中几种常用微胶囊的制备方法进行简要介绍。

（1）界面聚合法。采用界面聚合法制备相变材料微胶囊时，首先采用适当的乳化剂形成水/油乳液或油/水乳液，将芯材进行乳化；其次单体经聚合反应在芯材表面形成聚合物膜进而形成胶囊，这是将胶囊从油相或水相中分离。此方法也可用于相变材料纳胶囊的制备，在制备纳胶囊时需将芯材加入带毛细管的注射器中，注射器的针头应紧挨单体溶液的液面，且在液面与针头之间加高压直流电，然后将芯材注入单体溶液中即可制备出纳胶囊。

（2）原位聚合法。采用原位聚合法制备胶囊相变材料时，反应单体和催化剂全部位于相变材料芯材的外部，单体溶于体系的连续相中，而聚合物与连续相不相溶，因此聚合反应在芯材的表面上发生；随着聚合反应的进行，预聚物逐渐在芯材表面生成，最终将芯材全部覆盖形成胶囊外壳。此方法既可用于相变材料微胶囊的制备，也可用于相变材料纳胶囊的制备。

（3）溶剂挥发法。溶剂挥发法是通过蒸发水溶液中溶解聚合物的有机溶剂，随着有机溶剂的挥发，聚合物逐渐析出并聚合在芯材表面形成核壳结构，从而制备出微胶囊的一种方法。这种方法早已被广泛应用于制药行业，目前也逐渐应用在制备相变材料微胶囊领域。溶剂挥发法主要适用于制备芯材为水溶性的微胶囊，因此在制备无机水合盐相变材料微胶囊时大多使用此方法。

（4）溶胶—凝胶法。溶胶—凝胶法是以金属醇盐作为前驱体，在液相环境下将其与溶剂、催化利、络合剂等均匀混合，经水解、缩合化学反应以后，在溶液中形成稳定透明的溶胶体系，然后溶胶经过陈化，胶粒间进一步聚合形成三维空间网格结构的凝胶，最后将凝胶干燥、烧结固化即可制备出微纳米级别的胶囊材料。

四、潜热型功能热流体

潜热型功能热流体主要分为两种：相变乳状液和相变微/纳胶囊悬浮液。相变乳状液是通过机械搅拌将相变材料直接分散在含有乳化剂的热流体中，形成热力学稳定的分散体系。常见的有油/水型相变乳液，其组成成分一般为水、油和表面活性剂等。由于相变乳液中的相变材料存在相变潜热，因此与水作热流体相具有载能密度大的优点，尽管存在黏度增大的问题，但在输送相同热量的情况下仍可节约大量的能耗。相变微/纳胶囊悬浮液是将相变微/纳胶囊材料均匀分散到传统单相传热流体中作为潜热型功能热流体。由于相变胶囊的存在，该流体具有较大的表观比热容，同时两相间的对流也可显著增加流体与管壁间的传热能力，是一种集传热与储热于一体的新型传热流体。悬浮液的性能主要取决于相变微/纳胶囊的性能，用于传热流体中的相变微/纳胶囊一般要求具备颗粒均匀、柔韧好、机械强度高、渗透性低等性能。相变微/纳胶囊的性能主要受粒径、分布、壁材和芯材性质等因素影响。

第三节　相变储能材料的工程应用

相变储能材料在许多领域具有重要的应用价值，包括航空航天、太阳能利用、军事工程、建筑隔热保温、废热和余热的回收利用等。在实际应用前，还需要对相变储能材料进行封装，常见封装方法包括直接掺入、浸渍、微胶囊和定形等。

一、相变储能材料在建筑节能中的应用

墙体相变储能材料的实质是在特定温度下，墙体材料中的相变材料发生了状态的转变，同时伴随着吸热或放热现象，起到调节室内温度的作用。随着人们对建筑物的热舒适性的需求日益高涨，能量的消耗也逐步增加。将相变材料掺入建筑结构中，可以弥补大多数现代建筑中低能量储存的缺点，起到良好的蓄热性能。我国关于相变材料应用于墙体的理论和应用还比较薄弱，仅仅在微胶囊技术上有所改进，但是微胶囊法制作工艺复杂，限制了其进一步的发展，要真正达到建筑节能尚且太早。国外在相变材料和建筑材料的兼容性和稳定性

方面做了很多探索性研究，选择合适的无机相变材料、有机相变材料或无机 / 有机复合相变材料体系应用于建筑围护结构，可以明显降低室内温度波动，提高舒适度，达到节约能源的目的。目前，把握相变材料在墙体储热中的研究现状，开展相变储能理论及其在建筑节能中的应用研究不仅具有学术价值，而且对节约能源有重大现实意义。

由于太阳能辐射强度高、外部环境的冷却或者内部热量的变化，室内会有较大的温度波动，尤其在日平均温差在1℃～3℃以上的地区，在建筑墙体中利用相变材料蓄热可以减小温度波动。墙体相变储能材料的热量传输的储能机理有两个过程：①外界环境温度较高时，混凝土墙体开始吸收太阳辐射热量，掺入的相变材料达到相变点开始熔化，吸收并储存热量；②随着外界温度的降低，墙体中的相变材料冷却，储存的潜热量散发到环境中，以保持室内的舒适度。

图 6-9 显示了相变材料掺入墙体后对室内温度波动的影响，从室外通过墙体相变材料传向室内的热流滞后小于无相变材料的围护结构，室内热流的波动减小，从而可以减小建筑物的负荷，具有可观的社会效益和经济效益。

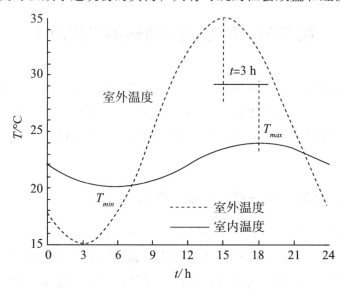

图 6-10　相变材料对室内温度波动的影响

（一）无机相变材料在建筑墙体中的应用

1940 年，美国人 Telkes 研究了$Na_2SO_4 \cdot 10H_2O$储存太阳能，在夜间和阴雨天使用它为室内保温；20 世纪 70 年代初，他建造了第一个相变材料，用于建筑墙体的实验室。由于夏季电力需求的不平衡，冷却系统的需求在许多国家是一个亟待解决的问题。早前，日本的 K. Nagano 等报道了 $Mn(NO_3)_2 \cdot 6H_2O$ 作为冷却系统的特性，表示 $MnCl_2 \cdot 4H_2O$ 可以用来调节 $Mn(NO_3)_2 \cdot 6H_2O$ 的熔化温度和熔化热，使其性能稳定；他们还对这种 $HNO_3 \cdot 6H_2O$ 相变材料用于墙体中的安全性和价格进行了评述。

从热力学的角度来说，过冷是液相变为固相的推动力，而过冷现象对于相变储热非常不利。针对水合盐存在的过冷和相分离现象，M.Hadjicva 等利用具有良好的热导性能并且有较高相变焓（大约 210 kJ/kg，是石蜡的 1.5 倍）的 $Na_2S_2O_3 \cdot 5H_2O$，将混凝土浸渍到 $Na_2S_2O_3 \cdot 5H_2O$ 相变材料中，制得了 25.5 mm × 41.5 mm 的圆柱形蓄热砖，其储热量为 100 kJ/kg，并且基本无过冷现象。近年来，适用于建筑墙体的无机相变材料研究日趋完善，表 6-6 为一些材料在 22℃～ 28℃ 的热物理性质。

表 6-6　适用于墙体中的无机相变材料的热物理性质（22℃～28℃）

材　料	熔融温度 /℃	熔化热/ （kJ·kg⁻¹）	密度/ （kg·m⁻³）
$FeBr_3 \cdot 6H_2O$	21	105	
55%～65% $LiNO_3 \cdot 3H_2O$ + 35%～45% $Ni(NO_3)_2$	24.2	230	
45% $Ca(NO_3)_2 \cdot 6H_2O$ + 55% $Zn(NO_3)_2 \cdot 6H_2O$	25	130	1 930
66.6% $CaCl_2 \cdot 6H_2O$ + 33.3% $MgCl_2 \cdot 6H_2O$	25	127	1 590
$Mn(NO_2)_2 \cdot 6H_2O$	25.5	125.9	1 738（液，20℃）
4.3% $NaCl$ + 0.4% KCl + 48% $CaCl_2$ + 47.3% H_2O	27	188	

（二）有机相变材料在建筑墙体中的应用

Sharma 等研究了石蜡、硬脂酸和乙酰胺的相变过程中储能 / 释能循环次数对相变参数的影响，发现三种材料的相变潜热都会随着循环次数的增加而下降。石蜡的低热导性和相变过程中较大的体积变化限制了它的应用。Colas Hasse 等将石蜡填入马蜂窝式墙板中，不仅防止了相变材料的泄漏，还提高了相变材料的热导性，实现了墙体储能的效果。

Hui Li 等制备了热稳定性良好的十九烷和水泥的混合物，十九烷分散在多孔水泥中，防止了十九烷熔融后的泄漏，提高了水泥的导热性能。Ahmet Sari 等以正十七烷为芯材、以聚甲基丙烯酸甲酯为壳材制备出了一种平均粒径为 0.26 μm 的相变微胶囊，将其填入混凝土中提高了轻型建筑的舒适度。为了保持室内温度并提高舒适度，对 22℃～28℃ 的有机相变材料做了探索性研究，如表 6-7 所示。

表 6-7　适用于墙体中的有机相变材料（22℃～28℃）

材　料	熔融温度/℃	熔化热/ （kJ·kg^{-1}）	热导性/ W·m^{-1}·K^{-1}	密度/ （kg·m^{-3}）
正十七烷	19	240	0.21	760（液）
61.5% 癸酸 +38.5% 月桂酸	19.1	132		
硬脂酸丁酯	19	140	0.21	760（液）
石蜡 C_{16}～C_{18}	20～22	152		
聚乙二醇 E600	22	127	0.189 7 （液，38.6℃）	1 126 （液，25℃）
石蜡 C_{13}～C_{14}	22～24	189	0.21	0.760（液） 0.900（固）
34%$C_{14}H_{23}O_2$ + 66%$C_{10}H_{20}O_2$	24	147.7		

（三）无机/有机复合相变材料在建筑墙体中的应用

无机/有机复合相变储热材料具有温度恒定、相变潜热大、性能稳定的特点。Zhang 等通过溶胶—凝胶法制备了石蜡和二氧化硅的复合相变储能材料的微胶囊，减缓了热降解过程中产生的挥发性产物的泄漏，提高了微胶囊石蜡复合材料的热稳定性和可燃性。因此，微胶囊石蜡和二氧化硅的复合材料可以用于太阳能采暖和建筑墙体节能系统。Nihal Sariera 等已成功将正十六烷在表面活性剂十二烷基苯磺酸（SDS）的处理下插入层状硅酸盐蒙脱土中，使蒙脱土吸收了正十六烷的高储热能力，提高了稳定性和导电能力。他们还将月桂酸和硬脂酸混合物插入钠基蒙脱土层间，形成的复合储能材料能有效地在墙体中储热。嵌入在蒙脱土夹层的有机相变材料分子的运动受到阻滞，不易被解嵌出来，使其整体热性能和稳定性得到了提高。二元体系的脂肪酸会得到比纯相更低的相变温度，选择适用于空调建筑中的最佳组合不仅可以满足室内舒适度，而且能够提高太阳辐射利用率。

（四）相变材料应用于墙体中的技术方法

1.直接浸渍法

直接浸渍法是直接将相变材料浸泡在墙体材料中，这种方法的优点是便于控制加入量，制作工艺简单，但缺点是相变材料的泄漏对混凝土基体有腐蚀作用。丁四醇四硬脂酸酯与水泥、石膏的复合相变材料就可以用直接浸渍法。Cabeza 等报道了 PCM 和它要掺入的基体材料之间的相互作用，这种相互作用的反应可能腐蚀墙体材料的机械特性。Ana M. Borrcguero 等基于一维傅里叶热传导方程的数学模型开发，研究了墙板中浸渍不同相变材料的热行为。研究结果表明，PCM 的含量越高，墙板就越具有较高的储能容量和较低的墙壁温度变化。这些材料可以用来提高舒适度、节约建筑物的能源，甚至可以减少墙板质量。

2.微胶囊技术

微胶囊技术可将特定相变温度范围的相变材料通过物理或者化学方法用高聚物封装形成直径为 0.1 ～ 100 μm 的颗粒，作为热的传递介质，应用于建筑材料。相变过程中，封装膜内的相变材料发生固液相变，外层的高分子膜始终保持固态，因此用高分子膜封装的相变材料在宏观上始终为固态。作为壁材的胶囊壳体不能和墙体材料发生化学反应，胶囊化的相变材料避免了作为芯材的相变材料的外泄，但这种技术会大大增加材料的成本，制约了相变混凝土的推广应用。

3.定型相变材料的制备

定型相变材料越厚，墙体内表面温度随外界温度变化幅度越小，越能够有效降低室内空调设备的能耗；定型相变材料厚度一定时，不同的定型相变材料结构和布局对墙体内表面温度波动情况影响较小，能耗差别不大。Sari 等将固液相变材料石蜡与支撑材料如高密度聚乙烯组合密封后形成定型相变材料应用于墙体中，并没有发现石蜡泄漏的现象。也就是说，通过调节石蜡的混合比调节相变温度，就可以满足不同地区建筑物的储能要求。

二、相变储能材料在太阳能中的应用

（一）相变储能材料在太阳能热发电系统中的应用

聚焦式太阳能热发电系统（CSP）是利用集热器将太阳辐射能转换成高温热能，再通过热力循环过程进行发电的。作为一种开发潜力巨大的新能源和可再生能源的开发技术，美国等国家都投入了大量的资金和人力进行研究，先后建立了数座 CSP 示范工程，目前该项技术已经处于商业化应用前期、工业化应用初期。CSP 只利用太阳直射能量，不接受天空漫辐射。由于太阳能的供给是不连续的，一部分 CSP 系统采用储能技术来保障有效使用和提供时间延迟，另一部分 CSP 系统采用燃气等作补充能源。这种混合动力技术可提供高价值、可调度的电力 CSP 系统，根据其集热方式的不同，大致分为槽式、塔式、碟式三种。槽式系统是利用抛物柱面槽式反射镜将阳光聚焦到管状的接收器上，并将管内传热工质加热，直接或间接产生蒸气，推动常规汽轮机发电。塔式系统是利用独立跟踪太阳的定日镜，将阳光聚焦到一个固定在塔顶部的接收器上，以产生很高的温度。碟式系统是由许多镜子组成的抛物面反射镜，接收器在抛物面的焦点上，接收器内的传热工质被加热到高温，从而驱动发动机进行发电。

槽式系统是目前均化成本（LEC）最低的 CSP 系统，其技术已经成熟，正处于商业拓展阶段。虽然相变储能材料（PCM）具有相变潜热大、相变温区较窄等特点，但选择合适的相变材料及换热器设计比较困难。因此，聚焦式太阳能热发电系统（CSP）中的相变储能技术还处于试验研究或测试阶段，其使用有以下两种情形：①在采用合成油作为换热流体（HTF）的槽式系统中，合成油 HTF 的温度变化范围为 200℃～400℃，水／蒸气 HTF 的温度变化范围为 200℃～400℃，这就要求 PCM 在换热过程中的温度变化应较大，而相变材料（PCM）相变温区较窄，因此单一的 PCM 无法满足要求。于是，1989 年，美国 LUZ 公司就提出了级联相变储能的设计方案；1993 年，DLR 与 ZSW（德国太阳能及氢能研究中心）共同提出了 PCM/ 显热储能材料 /PCM 混合储能方法。1996 年，Michels 等用三个竖立的壳管换热器串联，壳内分别放置了 KNO_3、KNO_3/KCI、$NaNO_3$ 三种 PCM，试验证实了级联相变储能的可行性预测。②在直接蒸汽发电（DSG）槽式系统中，则采用了单一PCM的蓄热方式。因为该系统只有水/蒸气作为HTF，在HTF与PCM的换热过程中，其蒸气HTF压力基本保持恒定，温度也保持稳定，因此要求PCM相变时温度变化范围也小。德国等13个国家从2004年就开始共同实施的DISTOR项目圈，就是为DSG槽式系统设计完善的相变储能系统，主要任务是研究230℃～330℃加膨胀石墨的复合相变材料（EGPCM），应用微胶囊技术以及设计逆流相变储能换热器，以达到降低成本的目的。

（二）相变储能材料在太阳能热水器系统中的应用

相变储能式太阳能热水器使用了一种新型真空集热管，它的主要作用是接收太阳辐射并加热载热工质。载热工质的种类很多，其中最常见的是水，但这种新型真空集热管摒弃了传统的设计，其内部设有专用储热单元，使真空管具有吸热、储热的双重功能。它不依赖于传统太阳能热水系统的储热水箱，也不需要与外部设备进行自然对流换热或机械循环换热，可独立进行太阳能的采集与储存。这一特点能够大大简化新一代太阳能热水系统的结构，降低设备成本，提高系统的可靠性。

新型相变储能式太阳能热水器的原理如下：新型太阳能热水器的真空管（以150 mm×2 000 mm真空管为例）内部装有专用储热体，其部件组成为带涂层的金属筒、筒内装有的相变材料（以石蜡正二十六烷为例）、内附盘管式换热器。太阳辐射的热量经过管壳、真空层之后被太阳能吸收涂层所吸收，吸收的热量使储热体内的石蜡被加热，而石蜡是一种相变材料，其相变点为56℃，即温度达到56℃后，石蜡开始其固液相变过程，并使自身温度保持在56℃，当外界用水经换热器流过储热体时，水即被加热，而且它能连续吸收、储存太阳热能，并将温度保持在56℃（这是由相变特性所决定的）。由于这些热量只在该专用储热体中逐渐蓄积，所以不会烧坏其他部件。

相变储能式太阳能热水器利用相变材料吸收太阳能，其主要优点如下：①无需储水箱，成本低廉，结构紧凑，外形美观，安装方便；②不用提前储水，随时用随时上水，水温稳定，操作简便；③储热体由金属材料制作，有很强的承压能力和抗热冲击能力；④性能优良，安全可靠，非常适用于北方寒冷地区。

（三）相变储能材料在太阳能热泵系统中的应用

相变储热技术应用在在太阳能热泵中，既可大大减小储热设备体积，又可弥补太阳能受到气候和地理位置影响的缺陷，使系统结构更紧凑，降低运行费用。

根据储热器在太阳能热泵供热系统中的位置，可以将其分为低温储热器和高温储热器。其中，与集热器直接相连的为低温储热器，其储热温度较低、热损失较小，故对于隔热措施的要求不高，结构也比较简单；与房间供热设备直接相连的为高温储热器，为了使所储存的热量在整个储热时间内能保持所需的热级，就必须采用良好的隔热措施，因此其造价相对较高。

在太阳能热泵中，由于成本问题，一般很少使用高温储热器，一般通过变频技术和电子膨胀阀控制压缩机的制冷剂的循环量和进入室内换热器制冷剂的流量来调节热泵对房间的供热量。在热泵供热不能满足房间负荷要求时，使用电加热补充。所以这里重点介绍只有低温储热器的太阳能热泵储热工作流程，如图 6-10 所示。

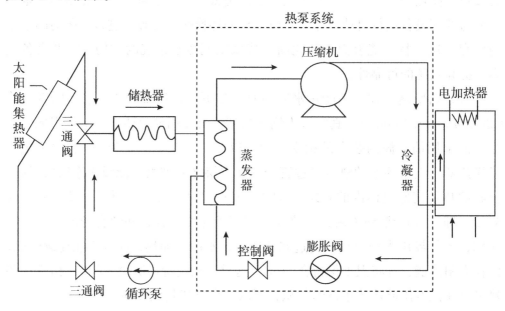

图 6-10　相变储热系统的太阳能热泵供暖流程

为了保证供暖系统运行的稳定性和连续性，综合考虑各种气候条件、太阳辐射情况、电网电价等情况，主要有以下三种工作模式。

（1）冬季晴朗白天。载热介质在集热器中获取太阳辐射能后流入储热器，通过箱内的换热盘管将部分热量传递给储热介质；然后进入蒸发器与制冷剂换热，并通过热泵循环系统进行供热，降温后的集热介质在管道泵的作用下又流入太阳能集热器,由此完成一次循环。

(2)夜间(或阴雨天)。从蒸发器流出的载热介质不流经太阳能集热器,而是通过三通阀直接流入储热器,从储热介质中吸取热量后流入蒸发器,再通过热泵循环进行供热。

(3)当无太阳能可利用,且储热器中的储热量不充足,不能使热泵满足供热需要时,使系统按储热器及电加热模式供热,即从冷凝器出来的热水经电加热至供热温度后供给热用户。

三、相变储能材料在其他方面的应用

(一)相变储能材料在工业加热过程中的应用

在工业加热设备的余热利用系统中,传统的储热器通常是采用耐火材料作为吸收余热的储热材料,由于热量的吸收仅仅是依靠耐火材料的显热容变化,这种储热室具有体积大、造价昂贵、热惯性大、输出功率逐渐下降等缺点,在工业加热领域难以普遍应用。相变储热系统是一种可以替代传统储热器的新型余热利用系统,它主要利用物质在固液两态变化过程中潜热的吸收和释放来实现热能的贮存和输出,潜热与显热容相比较不仅包含更大的能量,而且其释放可以在恒定温度下进行。与常规的储热室相比,相变储热系统体积可以减少30%～50%。因此,利用相变储热系统替代传统的储热器,不仅可以克服原有蓄热器的缺点,使加热系统在采用节能设备后仍然稳定地运行,而且有利于余热利用技术在工业加热过程的广泛应用。

(二)相变储能材料在医药工业中的应用

许多医疗电子治疗仪要求在恒温条件下使用,这就需要利用温控储热材料来进行调节,使仪器在允许的温度内工作。日本有专利报道用$Na_2SO_4 \cdot 10H_2O$和$MgSO_4 \cdot 7H_2O$的混合物作为相变材料用于仪器室的控温,可使室温保持在25℃左右。也可将特种仪器埋包在用相变材料制成的热包中,用以维持仪器使用的温度。近年来,国内市场有这样一种热袋,其相变材料是水合盐,相变温度55℃左右,利用一块金属片作为成核品种材料,当用手挤压金属片时其表面就成为晶体生长中心,从而结晶放热,再配备某些具有活血作用的中药袋,就可以达到理疗的作用,对于治疗类风湿等疾病具有一定的疗效。

（三）相变储能材料在现代农业中的应用

温室在现代农业中的作用举足轻重，它在克服恶劣的自然气候、拓展农产品品种、提高农业生产效率等方面具有重要的价值。温室的核心是控制适宜农作物生长的温、湿度环境，在这方面相变材料大有用武之地。将相变材料用于农业中温室的研究开始于 20 世纪 80 年代。最先采用的相变材料为 $CaCl_2 \cdot 6H_2O$，随后又先后尝试了 $Na_2SO_4 \cdot 10H_2O$、石蜡等。研究结果表明，相变材料不仅能为温室储藏能量，还具有自动调节温室内湿度的功能，能够有效节约温室的运行费用和能耗。

（四）相变储能材料在冷链运输中的应用

随着社会的发展，人们对食品的冷链运输需求越来越大，将相变材料应用到食品冷链运输领域如包装、冷藏柜、冷藏车、储冷保温箱、冷藏集装箱等是近年来的热点。按照能源供应方式，食品冷链运输可分为有源型和无源型低温配送制冷。有源型低温配送系统自带制冷装置，如机械式冷藏车；无源型低温配送系统则是采用相变储冷材料的相变过程来维持低温环境。相变储冷材料的无源型低温配送系统的成本低且使用方便，已被广泛应用于食品冷链运输。

使用相变材料对冷藏车的传统保温方法进行改进可节约能源、减少传统制冷装置的污染、减少制冷设备尺寸和延长设备的运行寿命。国外学者 Ahmed 等针对冷藏卡车的壁面漏热现象，在标准拖车壁中加入石蜡基多氯联苯，使进入冷藏室的日均热流量减少了 16.3%。国内学者在冷藏车的箱体中加入复合相变材料，使箱体更适合蔬菜的冷藏保鲜。冷藏集装箱主要由保温箱和储冷板组成，依靠配置不同温度的储冷板来控制温度。童山虎等将相变材料填充进储冷板，研制出了一种储冷式保温集装箱，这种新式储冷箱比传统冷藏箱的运行能耗成本节约 61.9%。目前，人们已研发出多种新型储冷板，如平板储冷板、锯齿形新型储冷板等，填充相变储冷材料后可获得良好的保冷性能，提升了冷藏集装箱、储冷保温箱的使用效率。

（五）相变储能材料在纺织行业中的应用

在纺织服装中加入相变材料可以增强服装的保暖功能，甚至使其具有智能化的内部温度调节功能，可以极大地改善人们的生活质量。根据使用要求可以生产具有不同的相变温度的产品，如用于严寒气候的 41 级纤维的相变温度在 18.3℃～29.4℃，用于运动服装的 43 级纤维的相变温度在 32.2℃～43.3℃。

相变储能纤维的智能调温机理是人体处于剧烈活动阶段时会产生较多的热量，利用相变材料将这些热量储藏起来，在需要的时候又将这些热量缓慢地释放出来，用于维持服装内的温度恒定。

（六）相变储能材料在电子行业中的应用

近年来，随着电子设备向高速、小型、高功率等方向发展，集成电路的集成度、运算速度和功率迅速提高，导致集成块内产生的热量大幅度增加。如果集成块产生的热量不能及时扩散，将使集成块的温度急剧上升，影响其正常运行，严重的还可能造成集成块烧坏。而如果在集成块上应用相变材料，就可以有效缓解其过热问题。在通信、电力等设备箱（间）降温方面，相变材料可以节省设备成本 75% 以上，目前已经广泛应用于通信基站的机房、电池组间，使传统的只能使用一年的设备的寿命延长到了 4 年或更多。

第七章　其他新能源材料

第一节　核能关键材料与应用

一、核能的基本内涵

核能（nuclear energy）是人类历史上的一项伟大发现，这离不开早期西方科学家的探索发现，他们为核能的发现和应用奠定了基础。可一直追溯到19世纪末英国物理学家汤姆逊发现电子开始，人类逐渐揭开了原子核的神秘面纱。

1895 年，德国物理学家伦琴发现了 X 射线。

1896 年，法国物理学家贝克勒尔发现了放射性。

1898 年，居里夫人与居里先生发现放射性元素钋。

1902 年，居里夫人经过三年又九个月的艰苦努力又发现了放射性元素镭。

1905 年，爱因斯坦提出质能转换公式。

1914 年，英国物理学家卢瑟福通过实验，确定氢原子核是一个正电荷单元，称为质子。1935 年，英国物理学家查得威克发现了中子。

1938 年，德国科学家奥托·哈恩用中子轰击铀原子核，发现了核裂变现象。

1942 年 12 月 2 日，美国芝加哥大学成功启动了世界上第一座核反应堆。

1945 年 8 月 6 日和 9 日，美国将两颗原子弹先后投在了日本的广岛和长崎。

1954 年，苏联建成了世界上第一座商用核电站——奥布灵斯克核电站。

从此，人类开始将核能运用于军事、能源、工业、航天等领域，美国、俄罗斯、英国、法国、中国、日本、以色列等国相继展开了核能应用研究。

根据当今的能源形势，核能在目前所能预见到的优势主要体现在以下两个方面：①可以取代燃烧煤或者天然气的方式，这样可以节约更多的原料；②可以在交通能源中代替石油，这样可以提高热机的效率，并且最重要的是可以大大提高能源携带能力，从而增加交通工具的续航能力。

核反应堆的能量基本都是来自核裂变，典型的一个裂变反应如下：

$$n + {}^{235}U \rightarrow {}^{236}U^* \rightarrow {}^{144}Ba + {}^{89}Kr + 3n$$

式中：n 为中子。

事实上，只有几种原子核能够发生核裂变反应，在核应用中最重要的是铀和钍的同位素。核能应用中需要的巨大能量来自不断的核裂变反应，也就是链式反应。现在人类能够控制的只有核裂变反应，所以当今世界上建造的所有核电站是利用核裂变提供能量的。裂变反应堆可以根据裂变方式分为两类：一类是通过受控的核裂变来获取核能，该核能是以热量的形势从核燃料中释放出来的；另一类则是利用被动的衰变获取能量的放射性同位素温差发电机。第一类裂变反应是在核电站领域中着重使用的，这类反应又可以再分为热中子反应堆和快速中子反应堆。尽管快速中子反应堆可以产生更少的核废料，提高核燃料的利用效率，并且生成的核废料中的放射性物质半衰期更短，但是限于技术和成本问题，目前绝大多数的商用反应堆还都是使用热堆模式。

但是无论哪个种类，热中子反应堆基本的几个组成部分都是相同的：①核燃料。一般认为钍、钚和铀三种元素可以作为核燃料。钚的同位素中半衰期最长的只有 3.3 万年，所以无法从自然界直接获得钚。而钍一般则是更多地作为制备铀 233 的原料。所以，现在的热堆中大多数的核燃料中的作用元素都是铀。②减速剂。除了快速增殖反应堆之外，其他的任何热中子堆都是需要减速剂的。从理论上讲，理想的减速剂材料的原子序效应该不大于 6。但是考虑到原子序数在 6 以内的某些材料仍具有其他的性能，所以事实上用作减速剂的只有轻水、重水、铍和石墨达四种。③冷却剂。冷却剂既可以是液体也可以是气体。在热中子堆中，最常用的是轻水、重水、氦和二氧化碳，在快中子堆中，由于不需要使用减速剂，所以通信都使用高原子序数的元素作为冷却剂，使用最多的是液态钠。④控制材料。简单地说，控制材料有着反应堆开关的作用。在压水堆中，常用的控制材料是 B_4C 或者含有 4% 镉的银—铟合金。而在沸水

堆中则只使用 B_4C。

二、未来能源结构对于核能的需求

（一）核能作为一种低碳高密度能源，具有广阔的应用前景

在全社会用电量不断提升、煤电新增项目大幅减少的背景下，我国核能发电应用前景广阔。核电具有污染小、发电量稳定等优点，能够有效降低碳排放，助力我国"双碳"目标的实现。

1. 核电助力碳减排

核电是指利用核反应堆中核裂变所释放出的热能进行发电的方式，具有高能效、污染小、能量密度高、占地规模小、单机容量大、发电量稳定、长期运行成本低等独特优势，可大规模替代化石能源的电源。此外，核能通过与风、光、水等清洁能源协同发展，对优化能源整体布局、保障能源供应安全具有重要意义。

2022 年一季度，我国核能累计发电量仅占全国累计发电量的 5.0%，核电替代化石能源的潜力巨大。与燃煤发电相比，核能发电相当于减少燃烧标准煤 11 558.05 万吨，减少排放二氧化碳 30 282.09 万吨、二氧化硫 98.24 万吨、氮氧化物 85.53 万吨。由此可见，在全社会用电量不断提升、煤电新增项目大幅减少的背景下，核电无疑是我国实现"碳中和"的一个重要方式。

2. 核电装机容量持续增长

我国是世界上少数拥有比较完整核工业体系的国家之一，一直积极推进核电应用。从核电装机容量来看，近年来保持增长的趋势。2021 年我国核电装机容量达 5 326 万千瓦，同比增长 6.8%。最新数据显示，2022 年一季度我国核电装机容量达 5 443 万千瓦，同比增长 6.6%。

3. 核电机组稳定增长

核电机组是由反应堆及其配套的汽轮发电机组以及为维持它们正常运行和保证安全所需的系统和设施组成的基本发电单元。我国商运核电机组装机规模持续增长，截至 2021 年年底，我国运行核电机组共 53 台（不含台湾地区），装机容量为 54 646.95MWe（额定装机容量）。其中，共有 4 台核电机组首次装料，包括田湾核电 6 号机组、红沿河核电 5 号机组、石岛湾核电 1 号机组和福清核电 6 号机组。

（二）碳中和背景下核电行业前景

1. 碳中和政策利好行业发展

2021年10月24日，国务院印发的《2030年前碳达峰行动方案》明确提出要"积极安全有序发展核电。合理确定核电站布局和开发时序，在确保安全前提下有序发展核电，保持平稳建设节奏。积极推动高温气冷堆、快堆、模块化小型堆、海上浮动堆等先进堆型示范工程，开展核能综合利用示范。加大核电标准化、自主化力度，加快关键技术装备攻关、培养高端核电装备制造产业集群。实行最严格的安全标准和最严格的监管，持续提升核安全监管能力"。在政策利好下，预计核电在实现碳达峰、碳中和目标中将发挥更加不可或缺的作用。

2. 绿色低碳转型发展需求带动行业发展

我国二氧化碳排放力争于2030年前达到峰值，争取2060年前实现碳中和。到2030年，非化石能源占一次能源消费比重达到25%左右，风电、太阳能发电总装机容量达到12亿千瓦以上。核能是安全、经济、高效的清洁能源，预计未来较长一段时期，我国将坚持安全有序的发展方针加快发展核能，支撑碳达峰碳中和国家重大战略实现。

3. 社会环境有效助推核电发展

"十四五"期间，我国将出台一系列有关核能的法律、法规，并将积极推进核电设施布局与落地、全产业链能力建设以及碳市场建设。

同时，核电发展要以地方经济发展为重点，不断探索与地方融合发展、利益共享的发展方式，加强核电企业和地方利益的联系。各级政府和社会各界对核电发展的支持程度将进一步提高，营造符合"新阶段新理念新格局"相适应的政策和舆论环境，有效助推核电高质量发展、可持续发展。

（三）核能系统在多元共生能源结构中应发挥的作用

目前，传统的以化石能源为基础的能源系统以电网为中心，间接将能源传输和转化到用户。为了更好地实现能源安全保障，提升多元能源需求的供给能力，降低能源传输的损耗，应建征结合核能低碳、稳定、高功率的密度的特征，构建包含下一代核能在内的多元共生能源系统框架和分配体系。图7-1为新一代核能在能源结构中的作用。

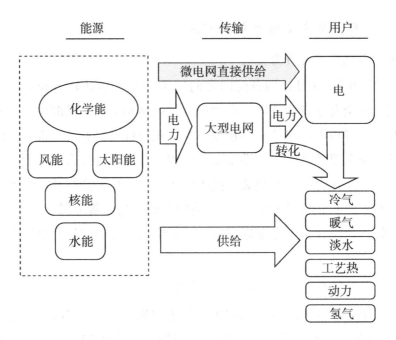

图7-1 新一代核能在能源结构中的作用

新一代核能应在整个能源体系中直接参与多元直接供给,与其他低碳能源共生,提供直接面向用户的能源,实现对能源分配和传输路径的大幅度简化。一方面通过与其他低碳能源结合互补,整体满足区域供电,另一方面可直接参与多元的直接供给,减少对于化学能的依赖。

核能参与整体能源系统的分配中,可大幅度减少能源传输和分配路径。另外,随着低碳能源份额不断上升,电网不稳定性面临的问题愈发严重,利用核能自身优势形成共生系统,可提升电力系统的整体稳定性。

三、核能技术应用中的电离辐射及其防治

核能技术的应用虽然给人们的生产生活带来了极大的便利,但是电离辐射所带来的危害是不容忽视的。有研究表明,高剂量的电离辐射甚至会致人死亡。因此,在核能技术应用中,要特别注意辐射安全和辐射防护,必须大力宣传电离辐射知识,避免公众产生恐慌。

(一)电离辐射概述

电离辐射,是指携带足以使物质原子或分子中的电子成为自由态,从而使这些原子或分子发生电离现象的能量的辐射,波长小于100 nm,包括宇宙射线、X射线和来自放射性物质的辐射。

电离辐射的特点是波长短、频率高、能量高。电离辐射可以从原子、分子或其他束缚状态中放出（ionize）一个或几个电子，是一切能引起物质电离的辐射的总称，其种类很多，高速带电粒子有 α 粒子、β 粒子、质子，不带电粒子有中子以及 X 射线、γ 射线。

α 射线是一种带电粒子流，由于带电，它所到之处很容易引起电离。α 射线有很强的电离本领，这种性质既可被人类利用，也可带来一定的破坏，对人体内组织破坏能力较大。由于其质量较大，穿透能力差，在空气中的射程只有几厘米，因此只要一张纸或健康的皮肤就能挡住。

β 射线也是一种高速带电粒子，其电离本领比 α 射线小得多，但穿透本领比 α 射线大，但与 X 射线、γ 射线相比，其射程短，很容易被铝箔、有机玻璃等材料吸收。

X 射线和 γ 射线的性质大致相同，是不带电波长短的电磁波，两者的穿透力极强，要特别注意对意外照射的防护。

（二）电离辐射防治措施

1.构建辐射环境管理机制和管理体系

在核能的开发与利用中，应完善电离辐射监测体系，建立完善的监测预警系统和辐射环境监测系统，做好对辐射场所的安全监管，定期开展各项监测和检查，确保用放射性测量设备或运行监测仪器密封放射源检测日常化。该工艺要求在任何情况下都要对电离辐射的使用、储存进行管理和控制，加强保护、处置、转移和回收，以确保核能的安全使用并尽量减少电离辐射造成的损害。

2.核能技术项目应用手续的完善

使用核技术必须具备完备的许可证，做好许可证换发工作，同时做好核能项目的环境影响评价，完成环保竣工验收手续，完善制度程序，解决遗留问题。

3.保障放射源及时送贮

为了有效防止利用核能时电离辐射对环境造成的不良影响，有关单位应加强对废弃放射源的调查，对放射源临时储存场所进行监测，以便及时将废弃放射源送到仓库并加以处理。

4.加强电离辐射知识普及

在核能技术应用中，应积极拓宽培训渠道，加强相关人员及群众的电离辐射安全培训教育，提高公众对电离辐射安全的认识。尤其要对核电用户进行定期培训，并对运行人员进行考核。

5.加强应急能力的建设

在核技术的具体应用中，政府部门以及相关部门要对潜在的、可能导致事故发生的仪器、设备等进行全面检测和分析，根据事故类型配备应急救援人员和解决方案。为了提高对电离辐射事故的反应能力，应定期与卫生局和公共安全部门合作，开展电离辐射事故应急演练，争取将电离辐射事故发生后的损失和伤害降到最低。

总之，在核技术应用极为普遍的现代化社会，如何对核技术中的辐射问题进行管理已成为人们最关注的问题。为此，各单位在使用核能技术展开各类活动时，必须做好防护工作，并配合政府部门做好技术检查，加强宣传培训，做好技术培训，对放射性废物处置工作进行完善，并做好应急培训和应急预案工作，以此减少核能利用对人体的辐射危害。

第二节　生物质能技术及其发展

一、生物质能概述

（一）生物质能的概念

生物质是地球上最广泛存在的物质，它包括所有动物、植物和微生物，以及由这些有生命物质派生、排泄和代谢的许多有机质。各种生物质都具有一定的能量。以生物质为载体、由生物质产生的能量，便是生物质能。

生物质能是太阳能以化学能形式贮存在生物中的一种能量形式。它直接或间接来源于植物的光合作用。地球上的植物进行光合作用所消费的能量，占太阳照射到地球总辐射量的 0.2%。这个比例虽不大，但绝对值很惊人：光合作用消费的能量是目前人类能源消费总量的 40 倍。可见，生物质能是一个巨大的能源。

（二）生物质能的来源

1.柴薪

人类以柴薪为能源，历史长达百万年。作为可直接利用的燃料，柴薪利用贯穿着整个人类的文明发展史。至今仍是许多发展中国家的重要能源。但由于柴薪的需求导致林地日减，应适当规划与广泛植林。

2.牲畜粪便

牲畜的粪便经干燥可直接燃烧供应热能。若将粪便经过厌氧处理，则可产生甲烷和肥料。

3.制糖作物

制糖作物可直接发酵，转变为乙醇。

4.城市垃圾

主要成分包括纸屑（占40%）、纺织废料（占20%）和废弃食物（占20%）等。可将城市垃圾直接燃烧产生热能，或是经过热分解处理制成燃料使用。

5.城市污水

一般城市污水约含有0.02%～0.03%的固体与99%以上的水分，下水道污泥有望成为厌氧消化槽的主要原料。

6.水生植物

同柴薪一样，水生植物也可转化成燃料。

二、生物质能转化技术

（一）生物质发电技术

生物质发电是利用生物质所具有的生物质能进行发电的技术。用于发电的生物质通常为农业和林业的废物，如秸秆、稻草、木屑、甘蔗渣、棕榈壳等。生物质发电技术可以分为生物质直接燃烧发电、混合发电以及生物质气化发电技术。

1.直接燃烧发电

直接燃烧发电是将生物质在锅炉中直接燃烧，生产蒸汽带动蒸汽轮机及发电机发电。生物质直接燃烧发电的关键技术包括生物质原料预处理、锅炉防腐、锅炉的原料适用性及燃料效率、蒸汽轮机效率等技术。

2.混合发电

生物质还可以与煤炭混合作为燃料发电，称为生物质混合燃烧发电技术。

混合燃烧方式主要有两种：一种是生物质直接与煤混合后投入燃烧，该方式对于燃料处理和燃烧设备要求较高，不是所有燃煤发电厂都能采用；另一种是生物质气化产生的燃气与煤混合燃烧，这种混合燃烧在系统中燃烧，产生的蒸汽一同送入汽轮机发电机组。当前的燃煤锅炉耦合生物质混合发电技术已十分成熟，应用也十分广泛，燃煤与生物质耦合燃烧的比例不断提高。目前，600 MW 以上燃煤机组普遍可以实现 10% ～ 15% 的生物质耦合燃烧；600 MW 以下的燃煤机组普遍可以实现 15% ～ 35% 的生物质耦合燃烧。

3. 气化发电

生物质气化发电技术是指生物质在气化炉中转化为气体燃料，经净化后直接进入燃气机中燃烧发电或者直接进入燃料电池发电。气化发电的关键技术之一是燃气净化，气化出来的燃气都含有一定的杂质，包括灰分、焦炭和焦油等，需经过净化系统把杂质除去，以保证发电设备的正常运行。与生物质直接燃烧类似，气化气也可以通过直燃或混燃完成生物质能的清洁利用。据此，可以将生物质气化发电技术分为气化直接燃烧发电技术和生物质气化耦合煤混合燃烧发电技术。

（1）气化直接燃烧发电技术。在合适的热力学条件下，生物质燃料可以在气化床中可以分解为生物质气化气，通过旋风分离器去除固体杂质，再进一步通过除尘、水洗、吸附等方式进一步净化气化气中的焦炭、焦油等有害物质，最终被送入锅炉或压缩后喷入内燃机及燃气轮机中进行燃烧。发电方式可以根据生物质气化的规模进行调整：规模较小时可以采用内燃机；规模较大时可以采用燃气轮机甚至联合循环方式。燃用生物质气化气的内燃机和燃气轮机大多是从燃用天然气的机型改造而来，生物质气化气具有热值低、氢含量较高的特点，但经过普通工序净化的生物质气化气中的碱金属及硫含量一般很难满足燃气轮机要求。因此，专用的内燃机和燃气轮机的研发将是未来实现大型生物质气化发电系统应用的主要课题之一。

（2）气化耦合煤混合燃烧发电技术。此项技术充分利用生物质气化气可燃性远强于燃煤的特点，将气化气喷入锅炉中起到稳燃及加强燃尽的作用。首先，将生物质在生物质气化炉内进行气化，生成以一氧化碳、氢气、甲烷以及小分子烃类为主要组成的低热值燃气；其次，将燃气喷入煤粉炉内与煤混燃发电。这种耦合方式对生物质原料的预处理要求相对较低，可利用难以预处理的杂质含量较多的生物质原料，扩大了生物质可利用范围。比如，采用循环流化床气化炉气化生物质时所需的温度较低，生物质中碱金属随着燃气挥发析出量较少，避免了燃烧过程中设备腐蚀的问题。燃气中含有大量的一氧化碳、氢气、甲烷等，燃气所需燃烧温度较低，在燃煤锅炉中很容易燃烧，一定程度上降低了燃烧成本。另外，生物质气化可燃气可用作降低氮氧化物排放分级燃烧（再燃法）的二次燃料，降低了发电厂污染物的排放。

4. 沼气发电

沼气发电是随着沼气综合利用技术的不断发展而出现的一项沼气利用技术，其主要原理是利用工农业或城镇生活中的大量有机废弃物经厌氧发酵处理产生的沼气驱动发电机组发电。用于沼气发电的设备主要为内燃机，一般由柴油机组或者天然气机组改造而成。

5. 垃圾发电

垃圾发电包括垃圾焚烧发电和垃圾气化发电，其不仅可以解决垃圾处理的问题，还可以回收利用垃圾中的能量，节约资源。主要是利用垃圾在焚烧锅炉中燃烧放出的热量将水加热获得过热蒸汽，推动汽轮机带动发电机发电。垃圾焚烧技术主要有层状燃烧技术、流化床燃烧技术、旋转燃烧技术等。发展起来的气化熔融焚烧技术，包括垃圾在 450℃ ~ 640℃ 温度下的气化和含碳灰渣在 1 300℃ 以上的熔融燃烧两个过程，其过程洁净，并可以回收部分资源，被认为是最具有前景的发电技术之一。

（二）生物质液化技术

生物质液化是将有机大分子物质通过水解、催化或热解等方法转化成低碳链的小分子化合物的过程。生物质液化的产物包括燃料乙醇、甲醇、生物油等。在一定条件下，利用生物发酵或水解技术可将生物质转化加工成乙醇，供汽车或其他工业使用；通过热解可将生物质转化加工成生物油，在一定程度上可代替石油用作燃料油。同时，由于生物油中含有大量的化学物质，也可从生物油中提取化学产品带来一定的经济效益。

（三）制备生物柴油

生物柴油可通过酯化反应以动植物油脂、餐饮地沟油脂以及其他废油等作为原料制得。生物柴油具有对环境友好、含硫量低、空气污染排放量少、可作为化工材料、易生物降解等诸多优点。生物柴油主要有物理法、化学法和生物法三种制备方法。物理法常见的有直接混合法和微乳液法；化学法主要有裂解法、酯交换法和酯化法等；生物法主要是指生物酶催化剂合成生物柴油技术。

（四）发酵制沼气

沼气发酵是指农作物秸秆、人畜粪便以及工农业排放废水中所含的有机质在厌氧及其他适宜的条件下转化为以甲烷为主要成分的混合可燃气体的过程。沼气发酵一般分三个阶段，分别是消化阶段、产酸阶段（先酸化再乙酸化）、产甲烷阶段。

（五）制备燃料乙醇

生活中常见的各种绿色植物（如玉米芯、甜菜、高粱、秸秆、稻草等及许多富含纤维素的原料）都可用作提取乙醇的原料。制取乙醇是指以上述生物质为原料通过酶催化或者化学预处理联合生物发酵的方式将生物质蕴藏的化学能转化成作为燃料用的乙醇（又叫生物质乙醇）。目前，乙醇的制备技术主要有以淀粉为主的多糖生物质以及以木质纤维素为主要原料的制备技术，其中以木质纤维素为主要原料的技术应用得更为广泛。

三、我国生物质能发展的存在的问题

（一）生物质能的战略地位尚未确定

生物质能利用有机废弃物生产可再生的清洁能源，能够同时实现供应清洁能源、治理环境污染和应对气候变化，是实现碳中和目标的有效措施之一。生物质能有利于生态文明建设、美丽乡村建设和乡村振兴，能够增加创造就业岗位，提高农村居民收入，具有良好的社会效益和环境效益。但是目前，生物质能的战略地位还未确定，各方重视程度还有待提高。

（二）生物质非电领域应用优先准入保障有待提高

《中华人民共和国可再生能源法》对生物质热力、生物燃气、生物柴油等非电领域的保障还有待提高，生物质能的优先开发利用的重视程度有待提高，受特许经营限制，生物质热力、生物燃气、生物柴油等生物质能非电领域产品还不能进入相应市场，甚至受到品质、价格歧视。

（三）生物质非电领域应用经济激励措施有待完善

目前，对于生物质能的经济激励政策主要集中在发电领域，在生物质热力、生物燃气、生物柴油、生物炼制产品等非电领域还没有明确的激励政策支持。生物质能区别于其他可再生能源的特性就在于产品多样，可广泛应用于供热、供气、交通燃料等各个能源领域，在环保效益和社会效益方面，特别是减少温室气体排放、大气环境治理方面优势明显，但缺乏相应经济激励措施，就在一定程度上限制了其产业价值的体现。

（四）生物质能产业标准和监管体系有待完善

尽管生物质能各领域的标准体系框架基本形成，但在标准实施和监管方面还存在较大难度。现有标准多数为非强制标准，仅作为行业指导参考的推荐标准。生物质能产品类别多样，除国家级标准外，不同地区的不同产品也有各自规定和标准，标准体系缺乏规范，进一步加大了标准执行力度。

（五）生物质资源保障和产业数据统计体系有待完善

我国虽然开展了一些生物质资源调查的相关工作，但未形成定期开展生物质资源调查与评价的机制，尤其是对能够能源化利用的生物质资源缺乏详细的统计数据，没有明确提出建立生物质原料的资源保障体系，生物质能相关数据信息更新较为滞后。生物质能项目开发过程中经常会出现资源竞争问题，对周边地区的资源状况缺乏充分了解，是导致原料竞争和供给不足的重要原因之一。

四、我国生物质能发展趋势与展望

（一）生物质发电从纯发电向热电联产转变

单纯的生物质发电项目已经不能适应我国对清洁供热新的形势需求，越来越多的生物质发电项目开始向热电联产转变，包括工业用热、商业用热、民用采暖，提升了生物质发电项目的效率，改善了项目的经济性，促进了我国生物质发电向产品多元化发展。

（二）生物质能在非电领域中的应用正在加强

在能源转型的过程中，生物质能具有固体、液体、气体三种形态，能够提供清洁的热力、电力和动力，因此在交通、电力、供热、采暖等方面都得到了一定应用，目前正逐步拓宽应用范围，向综合能源供应转变。

（三）生物质能应用技术呈现多元化

生物质能原料种类繁多，各具特点，这决定其应用方式应向多元化发展。产品正从电力向热、炭、气、油、肥多联产高附加值转化利用方向深入发展；生物天然气、燃料乙醇、热电联产、生物柴油技术也在不断进步。

（四）生物质能开发利用日益专业化和规模化

越来越多的大型专业公司加入生物质能领域，带动了整个行业的发展，为行业发展注入了活力，输入了资金和人才，使行业发展更趋向专业化。同时，由于政策调整，项目向规模化和大型化发展，这对于行业加强自律、培育龙头企业、形成区域集群都有很好的促进作用。

开发利用生物质能符合我国生态文明建设的思想，是实现我国生态环境保护、建设美丽中国等国家重大战略的重要途径，更是我国积极应对气候变化、参与环境治理，实现 2030 年二氧化碳排放达峰和 2060 年碳中和目标的重要手段。生物质能的开发和利用，必将给我们带来更多的经济效益和社会效益。

第三节　风能及其发展前景

一、风能的概念

风能是地球表面大量空气流动所产生的动能。从广义太阳能的角度看，风能是太阳能转化而来的。因太阳照射受热的情况不同，地球表面各处产生温差，从而产生气压差而形成空气的气流。风能在 20 世纪 70 年代中叶以后日益受到重视，其开发利用也呈现出不断升温的势头，有望成为 21 世纪大规模开发的一种可再生清洁能源。

与天然气、石油相比，风能不受价格的影响，也不存在枯竭的危险；与煤炭相比，风能没有污染，是清洁能源，可以减少二氧化碳等有害排放物。

按照不同的需要，风能可以被转换成其他不同形式的能量，如机械能、电能、热能等，以实现泵水灌溉、发电、供热、风帆助航等功能。图 7-2 给出了风能转换及利用情况。

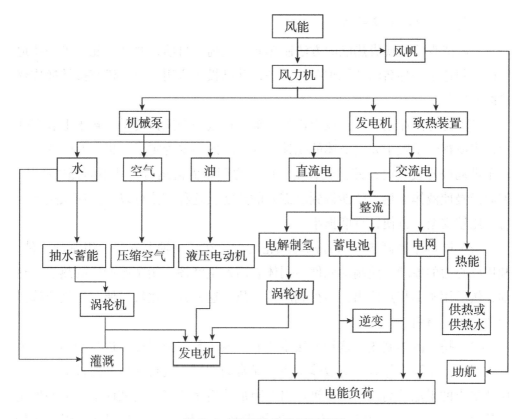

图 7-2　风能转换及利用情况

风能是一种过程性能源，不能直接储存起来，只有转化成其他形式的可以储存的能量才能储存。风能的供应具有随机性，因此利用风能必须考虑储能或与其他能源相互配合，这样才能获得稳定的能源供应，但这也增加了技术上的复杂性。另外，风能的能量密度很高，其利用装置体积较大，耗用的材料多，投资也较高，这也是风能利用必须克服的制约因素。

二、风能的应用

（一）风能制热

风能制热是将风能转换成热能，目前主要有以下两种转换途径。

1. 转换成空气压缩能，再转换成热能

由风力机将风能转换成空气压缩能，再转换成热能，即由风力机带动离心压缩机，对空气进行绝热压缩而放出热能。

2.将风能直接转换成热能

将风能直接转换成热能的方法制热效率最高。目前，北欧、北美等一些地区已经制造了一种名叫"风炉"的设备，并已投入应用。风力机直接转换成热能的方法如下。

（1）搅拌液体制热。在风力机的转轴上连接一个搅拌转子，转子上装有叶片，将搅拌转子置于装满液体的搅拌罐内，罐的内壁为定子，也装有叶片。当转子带动叶片装置时，液体就在定子叶片之间做涡流运行，并不断撞击叶片，如此慢慢使液体变热，就能得到所需要的热能。这种方法可以在任何风速下运行，比较安全、方便，且磨损小。

（2）同体摩擦制热。风力机的风轮转动，在转动轴上安装一组制动元件，利用离心力的原理，使制动元件与同体表面发生摩擦，用摩擦产生的热去加热油，然后用水套将热传出，即得到所需的热。这种方法比较简便，但是要选择合适的耐磨材料。

（3）挤压液体制热。这种方法主要利用液压泵和阻尼孔来进行制热，当风力机带动液压泵工作时，对液体工质（通常为油料）进行加压，使被加压的工质从狭小的阻尼孔高速喷出，迅速射在阻尼孔后尾流管中的液体上，从而发生液体分子间的高速冲击和摩擦，使液体发热。这种方法没有部件磨损，比较可靠。

（3）涡电流法制热。风力机转轴驱动一个转子，在转子外缘与定子之间装上磁化线圈，当弱电流通过磁化线圈时，便会产生磁力线。这时转子转动切割磁力线，产生电流并在定子和转子之间生成热，这就是涡电流制热。为了保持磁化线圈不被破坏，可在定子外套加一环形冷却水套，把多余的热量释放出去。

目前，风力制热已进入实用阶段，主要用于浴室、住房、花房、家禽、牲畜房等的供热采暖，一般风力制热效率可达40%。

（二）风能发电

1.风能发电的现状

近年来，科学技术发展速度较快，各国越来越重视发展可再生能源，特别是借助于风能进行发电已成为大部分国家的主要发电模式。自然界中风能资源十分充足，对风能进行合理利用，不仅能够降低环境污染，还能够对能源匮乏现象起到一定的缓解作用。另外，通过增加风力发电在能源结构中的占比，还可以实现产业结构的优化调整，实现能源的合理利用。

（1）我国风能资源丰富。我国拥有丰富的资源，特别是风能资源十分丰富，无论是陆地风能资源还是海洋风能资源，能够开发的数量十分庞大，丰富的风能资源为我国发展风力发电打下了良好的基础。

（2）国内风力发电发展迅猛。近年来，我国风能发电项目及发电量已位居世界首列，而且在不断发展过程中，风力发电厂数量不断增加，风电装机容量增多。尽管近两年受到了相关因素的影响，但我国风力发电行业的发展仍超出了预期。特别是随着我国碳达峰行动目标的提出，为了促进煤炭能源耗费快速达到峰值，政府采取了有效措施控制二氧化碳排放量。通过推进风力发电行业的稳定运行，可以减少碳排放量，促进碳达峰和碳中和目标的实现，这也是当前风力发电快速发展的主要原因。

（3）发电设备逐步趋于国产化。最初的风力发电技术相对滞后，缺乏相关的配套产业支持，但随着风电设备研究和生产实力的提升，国产风电设备越来越受到专业人员的认可。近年来，我国风电设备国产化举措取得了显著的成效，风力发电机的价格大幅下降。特别是随着我国电力设备制造业的高效发展，在我国风力发电设备制造业中，跨国公司将逐步退出市场，风电设备的国产化使价格日趋下降，为风力发电提供了更好的发展驱动。

2. 风力发电技术应用的优势

风力发电技术在实际应用中存在很多优点，主要表现在以下方面：第一，经济效益好。风力发电的价格不高，随着技术的成熟，价格下降速度较快，有的风力发电的成本已经接近煤炭的发电成本。除此之外，我国的风力能源较为丰富，在日后发展的过程中，经济效益会更加突出。第二，建设工期较短，建设完成后见效较快。风电工程的建设速度很快，在短期之内就可以完成工程项目的建设，可以有效解决一些急用的情况。风力发电技术的应用在一些偏远地区有重要作用，通过合理运用该技术，能够更好地满足偏远区域人们的用电需要。

3. 风力发电关键技术

（1）风功率预测技术。在风力发电中，风功率预测是一项十分重要的技术，因为对风电场而言，其发电的功率不稳定，受风力大小影响较大，风力强则风力发电功率大，风力小则发电功率也小。风电场生产的电能最终需要并入电网，但是由于风力发电的功率不稳定，因此在接入风电后，电网调度难度较大。在这种情况下，需要对风功率进行预测。根据预测的结果，提前对电网调度进行调整，一方面能够提升电网的稳定性，另一方面能够让电网接收更多的风电。

目前，针对风功率预测有不同的预测模型及不同的预测周期要求，需要采取不同的预测技术，提升预测的准确性。如果根据预测的周期进行分类，可以将风功率预测方法分为超短期、短期及中长期预测方法。超短期预测主要用于风电的实时调度环节；短期预测主要用于安排及调度风机组；中长期预测主要用于评估区域风力资源。如果根据预测模型进行分类，可以将风功率预测方法分为物理法、统计法及组合模型法。物理法主要从气象学理论出发，模拟风电场区域的气候情况，在这个过程中，风向、风速、气压及空气密度等都是重要的模拟要素，根据模拟的结果建立预测模型。通过这种方法建立的预测模型需要结合风电机组的功率模型，才能实现对风电功率的预测。从实际预测结果来看，由于风速的变化存在较强的随机性，因此预测的结果也具有一定的误差。统计法主要通过数学工具，建立统计结构与预测对象之间的函数关系，从而发现风功率变化的规律。统计法也是深度挖掘风功率相关数据的预测方法。在应用该预测方法的过程中，采用的算法对预测的准确性有重要影响。组合模型法有很强的综合性。由于物理法和统计法在实际应用时都有一定弊端，因此需要将不同预测方法进行组合，并建立相应的预测模型，通过吸收各种预测方法的优势，提升预测的准确性。

（2）风电机组功率调节技术。要想提高风力发电的稳定性，延长风电机组的使用寿命，就要重视风电机组功率调节技术的应用。风力发电过程需要高效地捕捉风力资源，将风力产生的机械能高效地转化为电能。风电机组各个部件都有一定的机械强度限制及容量限制，只有在一定的功率区间内发电，才能提高风电机组运行的稳定性及安全性，并提高电能的质量。目前，主要的风电机组功率调节技术如下。

①定桨距失速控制技术。该技术主要是将螺距风机叶片与轮毂进行刚性固定连接，其优势在于结构相对简单，在使用的过程中能够维持较高的稳定性。但是，该技术的缺陷也十分明显，即在使用的过程中无法根据实际风况调整叶片顶角。该技术主要以空气动力学为理论基础，能够根据实际风况调整涡轮机的输出功率。但是，在实际的使用中可以发现，使用该技术很难保证风电机组

有效地利用风能资源，对风电场的发电量影响较大。

②变桨距控制技术。该技术的特点是能够根据实际风况改变桨距角，以实现对涡轮机输出功率的调整。如果风电机组的实际输出功率小于额定功率，不会对桨距角进行调整，会保持桨距角在零度位置不变；如果风电机组的实际输出功率大于额定功率，变桨距控制系统就会自动运行，从当前的风况及发电机组的实际功率出发，对桨距角进行灵活调整，确保风电机组的输出功率能够保持在额定功率内。在这个过程中，控制系统也会参与风电机组的调节，从而确保调节的效果。变桨距控制技术作为一种具有较强主动性的风电机组功率控制技术，对解决桨距被动失速的问题具有重要意义。该技术能够保证风轮旋转后保持较大的正桨距角，从而获得较大的启动力矩；同时，桨距角在停机的情况下也能保持在 90° 以下，确保风电机组的发电效率。

（2）风电无功电压自动控制技术。风电无功电压自动控制技术具有较高的自动化水平，在应用该技术的过程中，需要多个系统共同参与，主要包括风电无功电压自动控制子站及相关的监控系统等。在该技术体系下，子站既可以集成到监控系统，也可以通过外挂的形式，具有一定的独立性。在风电机组运行的过程中，子站能够监测设备的无功电压，获取的无功电压数据能够通过通信线路反馈到综合监控系统。系统对于无功电压的控制方式可以分为远程控制方式和现场控制方式两种。在远程控制方式下，子站能够自动追踪无功电压控制目标；在现场控制方式下，子站主要根据预定的并网点电压目标曲线进行控制。可以通过人工方式控制子站运行，也可以通过人工方式开启及闭锁风电场中各种设备。采取人工干预与自动化系统结合的方式，可以保证风电场设备运行的稳定性。在使用该技术的过程中，子站能够发挥巨大作用，促进风电机组无功调节能力的发挥，确保无功电压处于合理区间。如果风电机组自身的无功调节能力不足以调整无功电压，动态无功补偿装置就会发挥作用调节无功电压。在这个过程中，子站还能进一步调整无功补偿的状态，这在很大程度上保证了无功流动的合理性。

三、风力发电技术的发展展望

（一）大容量风电系统

如今，我国风力发电系统在开发与实际应用中仍然存在着诸多的不足之处，导致技术上的问题在当前尚未解决与处理。当前风力发电机组的容量不断扩大，使风力发电系统的结构在设计与控制中极其不容易。所以在未来，应当不断应用与引进全新的材料与设备，保障风力发电在实际应用中安全性与稳定性并存，进而保障其技术可以长期稳定发展。

（二）并网技术与最大风能捕获技术

并网风力发电系统已经成为新型能源技术，其主要包含了风力发电并网技术以及发电机组控制技术等方面，通过全功率电力变化对其进行系统控制，不仅保障了风力发电系统的安全性与可靠性，还有效实现了并网控制的功能。与此同时，在未来设计的过程中，风力发电系统的并网技术以及风能捕获技术应当不断创新与优化，这样才能够引领风力发电技术走向正确的发展方向。未来，在科学技术的倡导下，应当及时处理与解决风电技术所出现的瓶颈问题，保障风电技术在当前可以正常运行，最终使并网技术与风能捕获技术得到迅速发展。

参考文献

[1] 袁吉仁 . 新能源材料 [M]. 北京：科学出版社，2020.

[2] 张军丽 . 化学化工材料与新能源 [M]. 北京：中国纺织出版社，2018.

[3] 赵秦生，胡海南 . 新材料与新能源 [M]. 北京：中国轻工业出版社，1987.

[4] 童忠良，张淑谦，杨京京 . 新能源材料与应用 [M]. 北京：国防工业出版社，2008.

[5] 陈新，王德强，曹红亮，等 . 新能源材料科学基础实验 [M]. 上海：华东理工大学出版社，2018.

[6] 吴其胜 . 新能源材料 第 2 版 [M]. 上海：华东理工大学出版社，2017.

[7] 卢赟，陈来，苏岳锋 . 锂离子电池层状富锂正极材料 [M]. 北京：北京理工大学出版社，2020.

[8] 王丁 . 锂离子电池高电压三元正极材料的合成与改性 [M]. 北京：冶金工业出版社，2019.

[9] 罗胜联，曾桂生，罗旭彪 . 废旧锂离子电池钴酸锂浸出技术 [M]. 北京：冶金工业出版社，2014.

[10] 杨德才 . 锂离子电池安全性原理、设计与测试 [M]. 成都：电子科技大学出版社，2012.

[11] 任海波 . 锂离子电池与新型正极材料 [M]. 北京：原子能出版社，2019.

[12] 罗学涛，刘应宽，甘传海 . 锂离子电池用纳米硅及硅碳负极材料 [M]. 北京：冶金工业出版社，2020.

[13] 崔少华 . 锂离子电池智能制造 [M]. 北京：机械工业出版社，2021.

[14] 陈泽华，陈兴颖，张波 . 锂离子二次电池正极材料锰酸锂及磷酸铁锂的制备

研究 [M].长春：吉林大学出版社，2016.

[15] 李雪.锂离子与钠离子电池负极材料的制备与改性 [M].北京：冶金工业出版社，2020.

[16] 李红辉，墨柯.新能源汽车及锂离子动力电池产业研究 [M].北京：中国经济出版社，2013.

[17] 张现发.高性能锂离子电池电极材料的制备与性能研究 [M].哈尔滨：黑龙江大学出版社，2019.

[18] 徐晓伟，林述刚，王海明，等.锂离子电池石墨类负极材料检测 [M].哈尔滨：黑龙江人民出版社，2019.

[19] 李瑛，王林山.燃料电池 [M].北京：冶金工业出版社，2000.

[20] 隋智通，隋升，罗冬梅.燃料电池及其应用 [M].北京：冶金工业出版社，2004.

[21] 韦文诚，翁史烈.固态燃料电池技术 [M].上海：上海交通大学出版社，2014.

[22] 曹殿学.燃料电池系统 [M].北京：北京航空航天大学出版社，2009.

[23] 王洪涛，王焱.燃料电池及其组件 [M].合肥：合肥工业大学出版社，2019.

[24] 黄倬.质子交换膜燃料电池的研究开发与应用 [M].北京：冶金工业出版社，2000.

[25] 潘红娜，李小林，黄海军.晶体硅太阳能电池制备技术 [M].北京：北京邮电大学出版社，2017.

[26] 李伟，顾得恩，龙剑平.太阳能电池材料及其应用 [M].成都：电子科技大学出版社，2014.

[27] 牛海军.太阳能电池电极材料的制备与研究 [M].哈尔滨：黑龙江大学出版社，2015.

[28] 赵雨，陈东生，刘永生，等.太阳能电池技术及应用 [M].北京：中国铁道出版社，2013.

[29] 刘臣臻，饶中浩.相变储能材料与热性能 [M].徐州：中国矿业大学出版社，2019.

[30] 张仁元.相变材料与相变储能技术 [M].北京：科学出版社，2009.

[31] 黄群武，王一平，鲁林平，等.风能及其利用 [M].天津：天津大学出版社，2015.